BESSER IN MATHEMATIK

Quadratische Funktionen und Gleichungen

Ab 9. Schuljahr

von Reiner Böttcher,
Jörg Schneidler
und Edmund Wallis

Cornelsen
SCRIPTOR

Bildnachweis: S. 9: Fallturm Uni Bremen, dpa

Gedruckt auf chlorfrei gebleichtem Papier ohne Dioxinbelastung der Gewässer.

Die Deutsche Bibliothek – CIP-Einheitsaufnahme

Besser in Mathematik. – Berlin : Cornelsen Scriptor. (Lernhilfen von Cornelsen Scriptor)

Quadratische Funktionen und Gleichungen ab 9. Schuljahr / Reiner Böttcher ... – 1996
ISBN 3-589-20953-4

5.	4.	3.	2.	1.	Die letzten Ziffern bezeichnen
2000	99	98	97	96	Zahl und Jahr des Drucks.

Redaktion: Stefan Giertzsch, Berlin
Herstellung: Brigitte Bredow, Berlin
Umschlagentwurf: Studio Lochmann, Frankfurt am Main, unter Verwendung eines Fotos von Michael Seifert, Hannover
Illustrationen: Klaus Puth, Mühlheim-Dietesheim
Sachzeichnungen: Stefan Giertzsch, Berlin
Satz: Universitätsdruckerei H. Stürtz AG, Würzburg
Druck und Bindearbeiten: Druckerei Gutmann GmbH, Heilbronn
Printed in Germany
ISBN 3-589-20953-4
Bestellnummer 209534

Inhalt

Vorwort

Liebe Schülerin, lieber Schüler!

Mit diesem Buch stellen wir dir eine Lernhilfe zur Verfügung, mit der du ganz unkompliziert und selbständig den Lernstoff zum Thema „Quadratische Funktionen und quadratische Gleichungen" durcharbeiten kannst. Wir gehen davon aus, daß du dies tun willst, um vorhandene Wissenslücken zu schließen und Unsicherheiten zu diesem Lernbereich abzubauen. Damit du auch wirklich selbständig und möglichst ohne fremde Hilfe üben und wiederholen kannst, haben wir den Lernstoff in kleine und verständliche Schritte aufbereitet und auf eine komplizierte Fachsprache sowie Herleitungen und Beweise zu Regeln und Gesetzen verzichtet.

Das vorliegende Buch ist kein Lehrbuch, sondern ein Arbeitsbuch zum Wiederholen und Üben. An vielen Stellen kannst du selbst Eintragungen direkt im Buch vornehmen.

An ausführlich und kommentiert durchgerechneten Beispielen zeigen wir dir die Schwerpunkte des Lernstoffes. Wir konzentrieren uns dabei besonders auf solche Inhalte, die gern in Klassenarbeiten und Prüfungen abgefordert werden. An die von uns vorgerechneten Beispiele schließen sich solche Übungen an, die es dir ermöglichen, die am Beispiel demonstrierte Vorgehensweise nun selbständig nachzuvollziehen.

Wenn du das Buch durchgearbeitet hast, wirst du in der Lage sein

- Graphen zu quadratischen Funktionen in ein Koordinatensystem einzuzeichnen.
- den Verlauf der Graphen zu beschreiben,
- mit der Parabelschablone sicher umzugehen und
- Nullstellen einer quadratischen Funktion zeichnerisch und rechnerisch zu ermitteln.

Und du wirst quadratische Gleichungen als formale Aufgaben oder in Sachaufgaben lösen können.

Wir sind sicher, daß das Benutzen dieser Lernhilfe dir hilft, deine mathematischen Leistungen zu verbessern. Wenn du die Lernhilfe durchgearbeitet hast, dann solltest du uns schreiben. Was hat dir an ihr gefallen? Hat sie dir wirklich geholfen? Was war dir zu kompliziert? – Über jeden Brief würden wir uns freuen.

Reiner Böttcher, Jörg Schneidler und Edmund Wallis

Zum Umgang mit diesem Buch

Du kannst mit diesem Buch auf zweierlei Weise arbeiten:

1. Möglichkeit:

Wenn du große Unsicherheiten und Wissenslücken in dem Lernbereich „Quadratische Funktionen und Gleichungen" hast, dann solltest du das ganze Buch durcharbeiten. Als tägliche Arbeitszeit solltest du höchstens eine Stunde aufwenden. Arbeite nach dem Prinzip: Lieber über eine kurze Zeit sehr konzentriert arbeiten als über eine lange Zeit unkonzentriert. Arbeite immer erst dann weiter, wenn du wirklich alles verstanden hast und alle Übungsaufgaben richtig lösen konntest.

2. Möglichkeit:

Zur Beseitigung von Unsicherheiten in Teilbereichen des Lernstoffes genügt es, wenn du nur das jeweilige Kapitel durcharbeitest. Auch hierbei solltest du dir Zeit nehmen und nur dann arbeiten, wenn du dich konzentrieren kannst. Merkst du beim Durcharbeiten des ausgewählten Kapitels, daß du etwas nicht verstehst, dann solltest du das vorangegangene Kapitel auch mit durcharbeiten. Also immer erst dann weiterarbeiten, wenn du alles verstanden hast. Arbeite nach dem Prinzip: Lieber einmal mehr zurückschlagen als mit Unklarheiten weiterarbeiten.

Das Buch besteht aus drei großen Kapiteln, die das Wichtigste zum Lernstoff enthalten. Alle Unterkapitel beginnen mit einer kurzen Erklärung zu einem Beispiel, daran schließt sich in der Regel die Erklärung weiterer Beispiele an. Bevor du zum Üben aufgefordert wirst, wird das Wichtigste nochmals als Regel, als Merkkasten oder durch eine symbolische Darstellung hervorgehoben. Zu allen Übungen findest du die Lösung im Lösungsheft.

Das Unterkapitel „Training" dient dir zur Selbstüberprüfung. Hier mußt du selbst entscheiden, ob du alle Aufgaben lösen willst. Wenn nicht, dann teste dich an einer Aufgabe dieser Gruppe. Löst du sie nicht richtig, dann empfehlen wir dir, noch einmal nachzuschlagen und die weiteren Aufgaben dieser Gruppe auch noch zu lösen.

Merkkästen und Regeln solltest du dir immer mehrmals durchlesen und versuchen, den Inhalt mit eigenen Worten wiederzugeben.

Lege dir zu diesem Buch ein Übungsheft DIN-A4 mit quadratischen (5 mm) Kästchen an. Dieses Übungsheft solltest du nur für die Aufgaben dieses Buches verwenden.

Zur Vereinfachung des Textes haben wir im Buch verschiedene Bildzeichen (man nennt sie „Piktogramme“) verwendet. Sie bedeuten:

Diese Regel/diesen Merksatz mehrmals lesen und gut einprägen. Du benötigst sie/ihn bei den Übungs- und Trainingsaufgaben.

Hier findest du eine Hilfe oder einen Hinweis darüber, wo du nochmals nachlesen sollst.

Hier sollst du direkt in das Buch schreiben.

Hier ist eine schwierige Aufgabe zu lösen. Du hast also eine harte Nuß zu knacken.

Diese Aufgaben solltest du in deinem Übungsheft lösen. Schreibe dir immer dazu die Seitenzahl und die Aufgabennummer auf.

________ An dieser Stelle ist ein Wort (Begriff) oder auch eine Zahl einzufügen.

☐ An dieser Stelle ist eine Zahl (positive oder negative ganze Zahl oder ein Bruch), ein Rechenzeichen oder ein Relationszeichen einzufügen.

1. Quadratische Funktionen

Bestimmt ist dir schon einmal eine Tasse, ein Glas oder ein anderer Gegenstand heruntergefallen. Du hast dann versucht, diesen Gegenstand noch im Flug aufzufangen. Es gelingt dir meistens nicht, weil der Gegenstand zu schnell fällt.

Sicher hast du auch schon einmal im Gebirge an einem Abgrund oder auf einem Turm gestanden und einem herunterfallenden Stein nachgeschaut. Dabei hast du dich bestimmt gefragt, wie lange der Stein wohl bis zum Aufschlag benötigen wird.

Unter Vernachlässigung der Luftreibung kannst du solche Bewegungsabläufe recht einfach mit folgender Gleichung berechnen:

$s = \frac{g}{2} \cdot t^2$ s ... zurückgelegter Fallweg
t ... benötigte Fallzeit
g ... Fallbeschleunigung (eine Konstante),
$g \approx 9{,}81 \frac{m}{s^2} \left(\text{Wir rechnen mit } g \approx 10 \frac{m}{s^2}.\right)$

In Bremen steht sogar ein Fallturm, der von der dortigen Universität für wissenschaftliche Experimente genutzt wird. Dieser Turm sieht aus wie ein riesiger Bleistift und hat in seinem Inneren einen 110 m langen Vakuumschacht. In ihm fällt eine Versuchskapsel, in der die wissenschaftlichen Experimentieranordnungen untergebracht werden. Diese lassen sich dann während des freien Falles z. B. mit einer Videokamera überwachen.

Wie lange dauert überhaupt der Fall in diesem Vakuumschacht?

Wir untersuchen den Zusammenhang zwischen der Fallzeit t und dem Fallweg s genauer. Dazu gehen wir in folgenden Schritten vor.

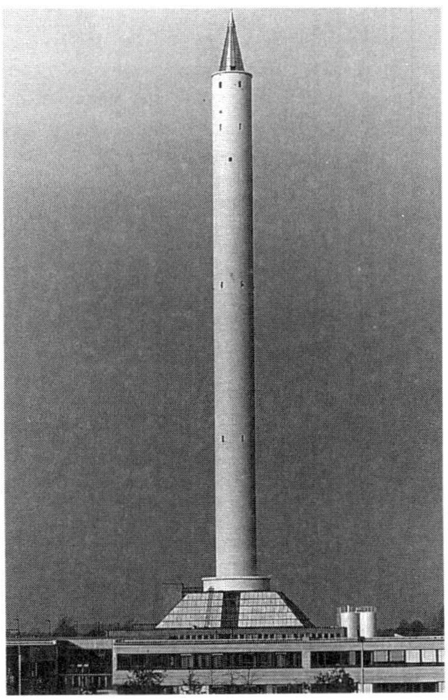

1. Schritt: Wir vereinfachen die Gleichung.

$$s = \frac{g}{2} \cdot t^2 \approx \frac{10}{2} \cdot t^2 = 5 \cdot t^2$$

2. Schritt: Vervollständige die Wertetabelle.

t (in s)	0	1	2	2,5	3	4	5
s (in m)				31,25			

Ein Wertepaar rechnen wir dir vor.
Für t setzen wir 2,5 in die Gleichung ein und berechnen s:

$s = 5 \cdot t^2$ — Der Ablaufplan für den Taschenrechner heißt

$s = 5 \cdot 2{,}5^2$ — 5 [×] 2,5 [x^2] [=]

$\underline{\underline{s = 31{,}25}}$

Das Ergebnis bedeutet: Wenn ein Stein (oder die Fallkapsel im Fallturm) 2,5 s lang gefallen ist, dann hat er einen Weg von 31,25 m zurückgelegt.

3. Schritt: Trage die berechneten Wertepaare als Punkte in das Koordinatensystem ein. Sie müssen alle auf der bereits gezeichneten Kurve liegen.

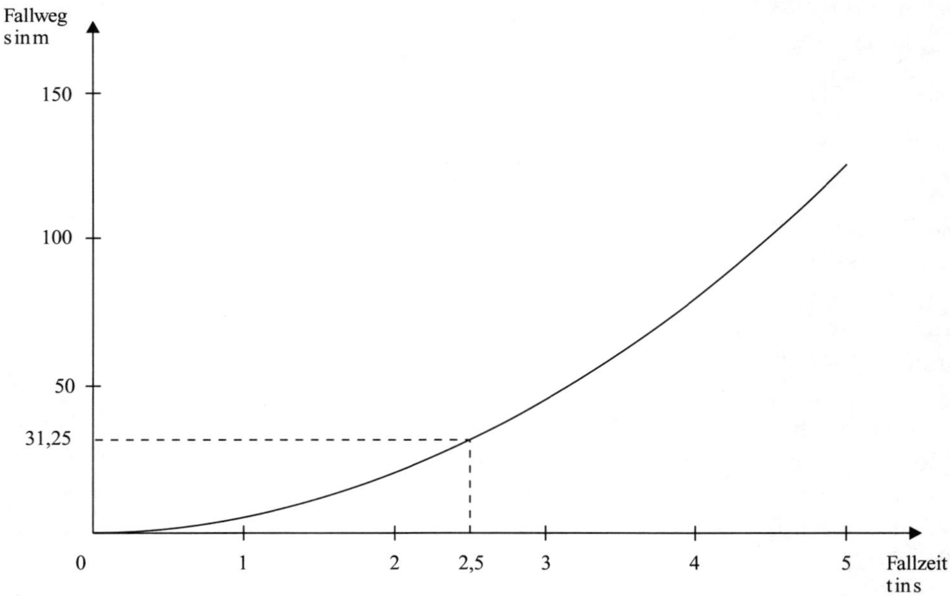

4. Schritt: Lies aus dem Koordinatensystem die zugehörigen Werte ab, und schreibe sie auf.

a) Wenn ein Stein 1 s ; 4,5 s ; 5 s lang gefallen ist,

so hat er eine Tiefe von ☐ m; ☐ m; ☐ m erreicht.

b) Wenn der Stein 20 m; 50 m; 100 m tief gefallen ist,

so hat er eine Zeit von ☐ s; ☐ s; ☐ s benötigt.

c) Die Kapsel im Bremer Fallturm fällt im 110 m langen Schacht etwa ____ s lang.

1. Jeder Fallzeit wurde eindeutig ein Fallweg zugeordnet. Solch eine Zuordnung nennen wir Funktion.
2. Die Darstellung der Funktion im Koordinatensystem ergibt keine Gerade. Deshalb ist diese Funktion keine lineare Funktion.
3. Mit fortschreitender Fallzeit werden in gleichen Zeitabschnitten immer größere Fallwege zurückgelegt. Auch daran erkennen wir, daß keine lineare Funktion vorliegt, da die Größen nicht proportional zueinander sind.

Lineare Funktionen kennst du bereits. Das von uns betrachtete Beispiel verdeutlicht, daß es neben den linearen Funktionen auch noch andere Funktionen geben muß. Die in unserem Beispiel gegebene Zuordnung heißt **quadratische Funktion**.
Im ersten Teil dieses Buches wollen wir solche quadratische Funktionen genauer untersuchen. Dazu wiederholen wir zunächst nochmals das Wichtigste zum Funktionsbegriff, zur Darstellung von Funktionen und ihren Eigenschaften.

1. Wiederholung – Funktionsbegriff

Den Begriff „Funktion“ hast du im Lernbereich „Lineare Funktionen“ erstmals kennengelernt. Die folgenden Begriffe benötigen wir auch bei den quadratischen Funktionen.

Eindeutige Zuordnungen heißen **Funktionen**.
Definitionsbereich nennt man die Ausgangsmenge der jeweiligen Zuordnung. Die Elemente dieser Menge heißen Argumente. Für sie wird häufig die Variable x als Symbol benutzt.
Wertebereich nennt man die Menge, auf die die Zuordnung erfolgt. Die Elemente dieser Menge heißen Funktionswerte. Für sie wird meistens die Variable y verwendet.

Beispielaufgabe

Nach der Korrektur der letzten Mathematikarbeit hat deine Lehrerin jedem Schüler deiner Klasse eine Zensur zugeordnet. Diese Zuordnung ist **eindeutig**, denn jeder Schüler erhielt **genau eine** Zensur. Dieser Sachverhalt ist somit eine Funktion.

Der Definitionsbereich wird in diesem Beispiel von allen Schülern deiner Klasse gebildet. Die Zensuren 1, 2, 3, 4, 5 und 6 sind die Funktionswerte und bilden zusammen den Wertebereich.

Funktionen lassen sich durch verschiedene Möglichkeiten darstellen:

1. **in wörtlicher Formulierung** (wie in unserem Beispiel),
2. **durch Gleichungen** (solche kennst du bereits für lineare Funktionen, z. B. $y = 3x + 5$ oder $y = 7{,}8x - 1$),
3. **als graphische Darstellungen** in einem Koordinatensystem,
4. **als Menge geordneter Wertepaare** in einer Wertetabelle.

Für die Beschreibung des Graphen einer Funktion verwendet man den Begriff **Monotonie**. Darunter versteht man den Verlauf des Graphen im Koordinatensystem.

Liegt dir das Bild (der Graph) einer Funktion vor, dann kannst du deren Monotonieverhalten ganz leicht erkennen. Du betrachtest den Graphen von links nach rechts und entscheidest, ob der Graph steigt (nach oben geht) oder fällt (nach unten geht).

Übung

1. Ergänze den Lückentext. Verwende die vorgegebenen Wörter.

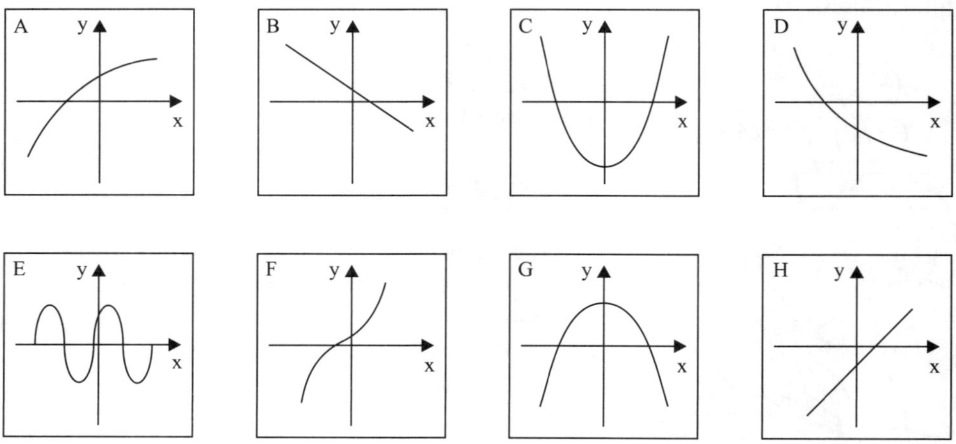

a) Die Bilder A, F und ☐ zeigen Funktionen, deren Graphen __________ verlaufen.

b) In den beiden Abbildungen B und D sind __________ Funktionen dargestellt.

c) In den Bildern C, E und ☐ verläuft die Funktion manchmal __________ und manchmal __________.

Die Schnittpunkte der Graphen von Funktionen mit den Koordinatenachsen haben eine besondere Bedeutung. Eine Koordinate von diesen Punkten ist jeweils Null, deshalb lassen sich diese Schnittpunkte meist leicht angeben.

> **Nullstelle** einer Funktion f heißt jedes Argument (jeder x-Wert) aus dem Definitionsbereich, dessen zugehöriger Funktionwert gleich Null ist.
> Man schreibt: $y = f(x_0) = 0$; x_0 ist Nullstelle.

- Die Nullstelle ist **kein** Punkt.
- Nur der x-Wert des Schnittpunktes mit der x-Achse ist die Nullstelle.
- Die Nullstelle liest man dort ab, wo der Graph der **Funktion** die x-Achse schneidet.

Übung

2. Lies die Nullstellen ab. Gib an, ob die Funktion monoton steigend (↗) oder monoton fallend (↘) ist.

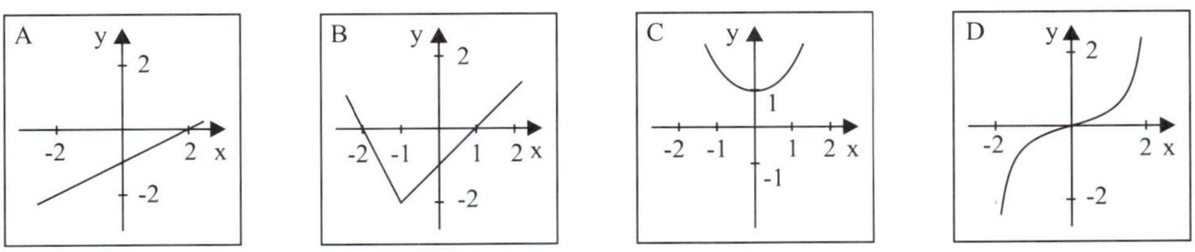

Bild	A	B	C	D
Nullstelle				
Monotonie				

In den Bildern A bis D ist der Wertebereich der dargestellten Funktionen die Menge aller reellen Zahlen.
In den Abbildungen B und C treten nicht alle reellen Zahlen als Funktionswerte (y-Werte) auf. Der Wertebereich ist bei diesen Funktionen eingeschränkt. Es gilt für:
Bild B: Die y-Werte sind größer oder gleich -2. Man schreibt kürzer: $y \geqq -2$.
Bild C: Gib an, welche Werte y annehmen kann.

$y \geqq$ ☐

2. Der Begriff „Quadratische Funktion“

Viele Zusammenhänge aus der Mathematik und der Physik lassen sich durch Funktionen beschreiben. Einige dir sicher bekannte Beispiele aus der Geometrie sind in der Tabelle zusammengestellt.

Vervollständige die Tabelle. Nutze dazu dein Tafelwerk.

Sachverhalte	Formeln	Argumente	Funktionswerte	Konstanten
Kreisflächeninhalt	$A(d) = \frac{\pi}{4} \cdot d^2$	Durchmesser d	Flächeninhalt A	π; 4
	$A(a) = a^2$	Seitenlängen a		keine
Oberflächeninhalt des Würfels			Oberflächeninhalt A_0	6
	$A_0(r) = 2\pi r^2 + 2\pi r h$			2; π; Höhe des Zylinders h
Volumen einer quadratischen Pyramide	$V(a) = \frac{1}{3} a^2 h$	Seitenlängen der Grundseite a		

Die in der Tabelle dargestellten Sachverhalte sind Funktionen mit einer wichtigen Gemeinsamkeit. In den Funktionsgleichungen müssen die x-Werte (Argumente) jeweils quadriert werden. Für solche Sachverhalte legen wir allgemein fest:

> Eine Funktion mit einer Gleichung der Form $y = f(x) = a \cdot x^2 + b \cdot x + c$ $(a \neq 0)$ heißt **quadratische Funktion**.

Besonders gut kann man die Eigenschaften solcher Funktionen erkennen, wenn ihre graphische Darstellung (der Graph) gegeben ist. Wir stellen deshalb den Kreisflächeninhalt A in Abhängigkeit vom Durchmesser d graphisch dar.

Beispielaufgabe

Vervollständige zunächst die Wertetabelle. Runde auf eine Stelle nach dem Komma.

d in cm	0	0,5	1	1,5	2	2,5	3	3,5	4	4,5	5
A in cm^2				1,8			7,1				19,6

Beachte: $A = \frac{\pi}{4} \cdot d^2$! $A = \frac{\pi}{4} \cdot 1{,}5^2$ $A = \frac{\pi}{4} \cdot 5^2$

[π] [÷] 4 [×] 1,5 [x²] [=] [π] [÷] 4 [×] 5 [x²] [=]

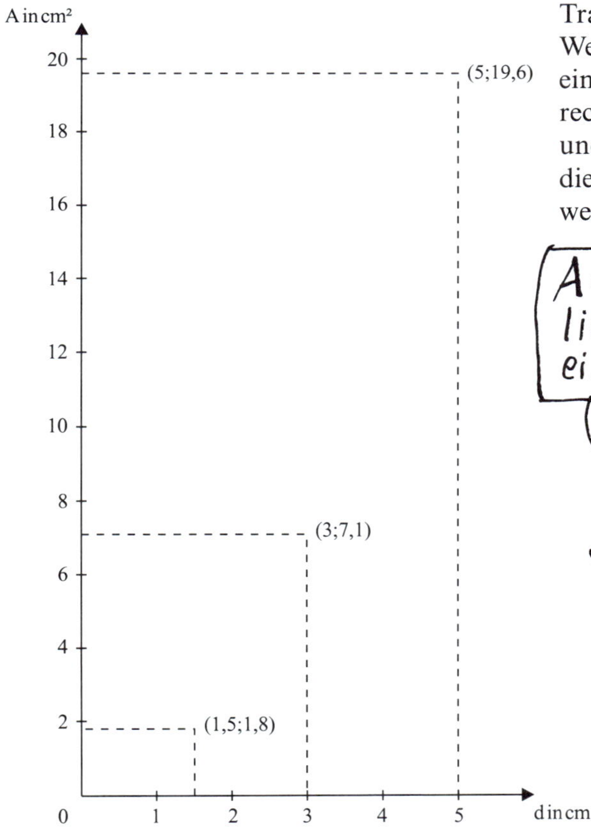

Trage nun die Zahlenpaare der Wertetabelle in das Diagramm ein. Beachte, daß auf der waagerechten Achse die Durchmesser und auf der senkrechten Achse die Flächeninhalte abgetragen werden.

Du weißt sicher noch, daß bei den linearen Funktionen $y = mx + n$ die Lage des Graphen durch m und n bestimmt wird. Wir wollen ermitteln, welchen Einfluß a, b und c auf den Verlauf (die Lage) des Graphen der quadratischen Funktion $y = ax^2 + bx + c$ haben.

3. Die Funktionen $y = x^2$ und $y = x^2 + e$

Zur Vereinfachung vereinbaren wir, daß in der allgemeinen Form der quadratischen Funktion $(y = a \cdot x^2 + b \cdot x + c)$ $a = 1$, $b = 0$ und $c = 0$ sein sollen.
Wir erhalten dann: $y = 1 \cdot x^2 + 0 \cdot x + 0$.
Dafür können wir kurz schreiben: $y = f(x) = 1 \cdot x^2 = x^2$.
Diese Funktion stellen wir im Koordinatensystem graphisch dar.

1. Schritt: Wertetabelle aufstellen. Vervollständige die fehlenden Angaben.

x	−3	−2	−1,5	−1	−0,5	0	0,5	1	1,5	2	3
$y = x^2$		4			0,25						9

Rechne so: $y = (-2)^2$, $y = 4$ — $y = (-0{,}5)^2$, $y = 0{,}25$ — $y = 3^2$, $y = 9$

2. Schritt: Wertepaare in das Koordinatensystem eintragen. Die gefundenen Punkte müssen alle auf der Kurve liegen.

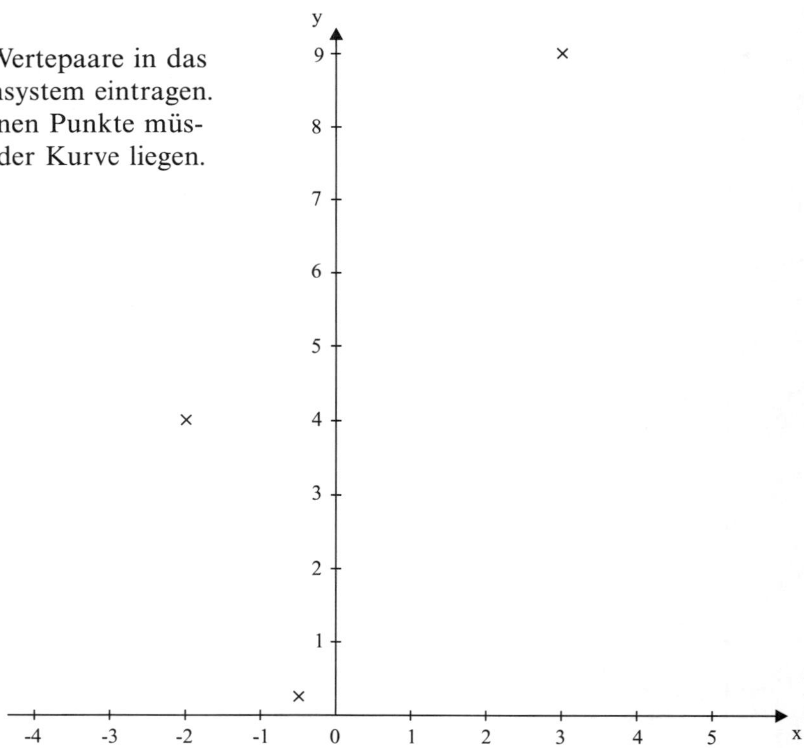

Aus der graphischen Darstellung kannst du die wichtigsten Eigenschaften der Funktion mit der Gleichung $y = x^2$ ablesen.

Eigenschaften der Funktion $y = x^2$

- Für die Argumente x kannst du alle reellen Zahlen einsetzen. Deshalb kann der **Definitionsbereich** aus der Menge der reellen Zahlen oder einer Teilmenge davon bestehen.
- Es gibt **keine negativen Funktionswerte**, weil das Quadrat einer Zahl immer größer oder gleich Null ist. Deshalb liegt die Kurve oberhalb der x-Achse.
  Der **Wertebereich** ist die Menge der nichtnegativen reellen Zahlen (oder eine Teilmenge davon).
- Für $x \leqq 0$ (links von der y-Achse) verläuft die Funktion monoton fallend. Für $x \geqq 0$ (rechts von der y-Achse) verläuft die Funktion monoton steigend.
- Die Punkte, die zur Funktion gehören, liegen nicht auf einer Geraden. Man nennt den Graph dieser quadratischen Funktion **Normalparabel**.
- Die Parabel berührt die x-Achse bei $x = 0$. Deshalb hat die Funktion **eine Nullstelle**, sie heißt: $x_0 = 0$.
- Von besonderer Bedeutung ist der tiefste Punkt der Parabel. Mit seiner Hilfe und einer Parabelschablone (→ S. 30/31) lassen sich quadratische Funktionen schnell und genau zeichnen. Dieser tiefste Punkt der Parabel heißt **Scheitelpunkt S**. Er hat die Koordinaten S(0, 0).

Um den Einfluß eines konstanten Summanden e auf den Verlauf der Parabel zu erkennen, untersuchen wir zwei Funktionen:

$y = f(x) = x^2 - 3$ $\qquad$ $y = f(x) = x^2 + 2{,}5$

Damit du die Graphen der Funktionen zeichnen kannst, legst du dir zunächst wieder eine Wertetabelle an. Vervollständige die noch fehlenden y-Werte.

x	$-2{,}5$	-2	$-1{,}5$	$-0{,}75$	$-0{,}5$
$y = f(x) = x^2 - 3$					
$y = f(x) = x^2 + 2{,}5$		$6{,}5$			

Rechne so: $y = (-2)^2 + 2{,}5$
$y = 4 + 2{,}5$
$\underline{\underline{y = 6{,}5}}$

x	0	$0{,}5$	$0{,}75$	1	$1{,}5$	2
$y = f(x) = x^2 - 3$			$-2{,}4$			
$y = f(x) = x^2 + 2{,}5$						

Rechne so: $y = 0{,}75^2 - 3$
$y = 0{,}5625 - 3$
$\underline{\underline{y}} = -2{,}4375 \approx \underline{\underline{-2{,}4}}$

Trage die Wertepaare in das Diagramm ein. Zur Hilfe sind schon einige Wertepaare eingetragen. Verbinde dann die Punkte.

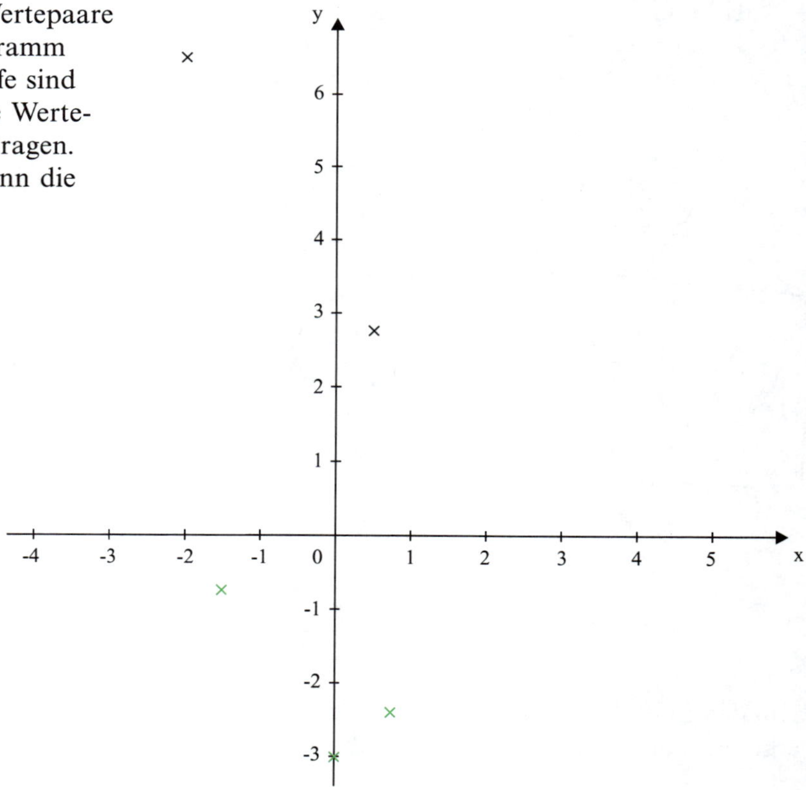

Wenn du den gezeichneten Graphen mit der Parabel zur Funktion $y = x^2$ (→ S. 16) vergleichst, erkennst du, daß es auch wieder Parabeln sind. Allerdings sind diese Parabeln zum Graphen von $y = x^2$ nach oben bzw. nach unten verschoben. Offensichtlich wird diese Verschiebung durch das Addieren von -3 bei der ersten Funktion (Verschiebung nach unten) bzw. durch das Addieren von $+2{,}5$ bei der zweiten Funktion (Verschiebung nach oben) hervorgerufen.

Übung

1. Trage die wichtigsten Erkenntnisse zu diesen beiden Funktionen zusammen. Ergänze hierzu den Lückentext. Vergleiche deine Eintragungen mit der graphischen Darstellung der Parabeln.

a) Für beide Funktionen ($y = x^2 - 3$ und $y = x^2 + 2{,}5$) lassen sich alle ______________ für x einsetzen.

b) Für den ______________ gilt bei der Funktion $y = x^2 - 3$: $y \geqq -3$; bei der Funktion $y = x^2 + 2{,}5$: y ______ .

c) Für die Monotonie gilt bei beiden Funktionen:

Ist $x \leqq 0$, so ________ die Funktion.

Ist x □ 0, so ________ die Funktion.

d) Die Funktion $y = x^2 - 3$ hat ____ Nullstellen.

Die Funktion $y = x^2 + 2{,}5$ hat ____ Nullstellen.

e) S(0; 3) ist der Scheitelpunkt der Funktion

______________ .

S(0; ____) ist der Scheitelpunkt der Funktion

______________ .

Wähle aus!
$\geqq 2{,}5$
reelle Zahlen
Wertebereich
zwei
keine
$\geqq$
$y = x^2 - 3$
$y = x^2 + 2{,}5$
fällt
steigt

Eigenschaften der Funktion $y = x^2 + e$

- Der Summand e bewirkt eine Verschiebung der Parabel entlang der y-Achse.
- Ist $e > 0$, so wird die Parabel um e Einheiten nach oben verschoben.
- Ist $e < 0$, so wird die Parabel um e Einheiten nach unten verschoben.
- Der Scheitelpunkt hat die Koordinaten S(0; e).
- Für den Wertebereich gilt: $y \geqq e$.

Übungen

2. Ergänze die fehlenden Angaben in der Tabelle. In die vorgegebenen Kreise sind Rechenzeichen einzutragen.

Funktionsgleichung	Scheitelpunkt	Verschiebung	Wertebereich
a) $y = x^2 + e$	S(0; e)	um e Einheiten nach oben/unten	$y \geqq e$
b) $y = x^2 + 5$	S(0; 5)	um 5 Einheiten nach oben	$y \geqq \square$
c) $y = x^2 - 7$	S(0, −7)	um □ Einheiten nach ______	$y \geqq \square$
d) $y = x^2 - 1{,}5$	S(□; □)	um □ Einheiten nach ______	$y \geqq \square$
e) $y = x^2 + \square$	S(0; 4)	um □ Einheiten nach ______	$y \geqq \square$
f) $y = x^2 \bigcirc \square$	S(□; □)	um 2,2 Einheiten nach oben	$y \geqq \square$
g) $y = x^3 \bigcirc \square$	S(□; □)	um □ Einheiten nach ______	$y \square -\frac{2}{3}$

3. Zeichne die Graphen zu allen Funktionsgleichungen in dein Heft. Vergleiche die graphische Darstellung mit den Angaben in der Tabelle.

4. Die Funktion $y = (x + d)^2$

In den Funktionsgleichungen $y = x^2 + e$ und $y = (x + d)^2$ taucht jeweils ein Summand (e bzw. d) auf.

Die Funktionswerte y werden in den beiden Gleichungen unterschiedlich berechnet.

Bei $y = x^2 + e$ mußt du zuerst das Argument x quadrieren und dann dazu den Summand e addieren.

Bei $y = (x + d)^2$ addierst du zuerst den Summand d zum Argument x, und dann erst quadrierst du die Summe.

An zwei Beispielen untersuchen wir, wie der Summand d den Graphen der Funktion beeinflußt, wenn man ihn zuerst zum Argument x addiert und dann die Summe quadriert.

Beispielaufgabe

Wir wählen einen positiven und einen negativen Summanden d:

$y = (x + 3)^2$

$y = (x + (-2{,}5))^2 = (x - 2{,}5)^2$

1. Schritt: Stelle die Wertetabellen für diese beiden Funktionen auf.

x	−5	−4,5	−4	−3,75	−3,5	−3
$y = (x + 3)^2$			1			

Rechne so: $y = (-4 + 3)^2$
$y = (-1)^2$
$\underline{\underline{y = 1}}$

x	−2,5	−2,25	−2	−1,5	−1
$y = (x + 3)^2$		0,6			4

Rechne so: $y = (-2{,}25 + 3)^2$
$y = 0{,}75^2$
$\underline{\underline{y}} = 0{,}5625 \approx \underline{\underline{0{,}6}}$

x	0	1	1,5	1,75	2	2,5
$y = (x - 2{,}5)^2$		2,3				0

Rechne so: $y = (1 - 2{,}5)^2$
$y = (-1{,}5)^2$
$\underline{\underline{y}} = 2{,}25 \approx \underline{\underline{2{,}3}}$

x	3	3,25	3,5	4	5
$y = (x - 2{,}5)^2$	0,3				

Rechne so: $y = (3 - 2{,}5)^2$
$y = 0{,}5^2$
$\underline{\underline{y}} = 0{,}25 \approx \underline{\underline{0{,}3}}$

2. *Schritt:* Wertepaare in das Koordinatensystem eintragen und die Graphen zeichnen. Verwende für jeden Graphen eine andere Farbe.

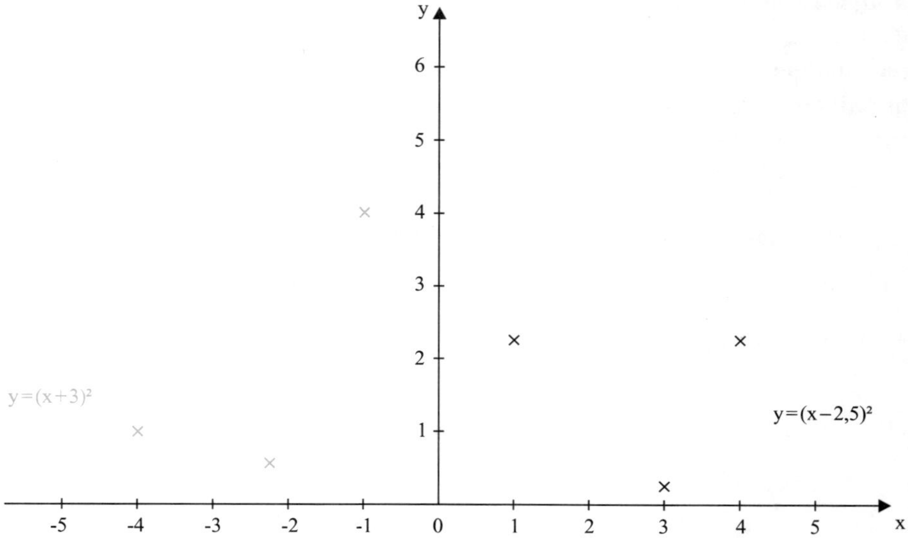

Vergleiche die gezeichneten Graphen mit dem Graphen der Funktion $y = x^2$ (→ S. 16). Du erkennst sicher, daß die Form der Parabel unverändert geblieben ist. Verändert hat sich nur ihre Lage im Koordinatensystem. Die zur Gleichung $y = x^2$ gehörende Parabel wurde verschoben, und zwar entlang der x-Achse. Die Größe (Anzahl der Einheiten) der Verschiebung und die Richtung der Verschiebung hängen von dem Summanden d ab.

Übung

1. Bestimme für die gezeichneten Graphen die Verschiebung, den Scheitelpunkt und die Nullstellen. Ergänze den Lückentext.

a) Die Parabeln sind entlang der ☐-Achse verschoben.

b) Ist $d = 3$, dann erfolgt die Verschiebung um ☐ Einheiten nach

________.

c) Ist $d = -2{,}5$, dann erfolgt die Verschiebung um ☐ Einheiten nach

________.

d) Scheitelpunkte:

$y = (x + 3)^2$: S(☐; 0); $y = (x - 2{,}5)^2$: S(☐; ☐)

e) Nullstellen:

Jede Funktion hat ____ Nullstelle.

$y = (x + 3)^2$: $x_0 =$ ☐; $y = (x - 2{,}5)^2$: $x_0 =$ ☐.

Wie du die Monotonie beschreiben kannst, zeigen wir dir am Beispiel der Funktion $y = (x + 3)^2$.
Um den Verlauf der Parabel zu beschreiben, schaust du dir die x-Werte an. Auf die beziehen wir uns in der Beschreibung immer. Dabei gehst du auf der x-Achse von links nach rechts.

$y = (x + 3)^2$: Von links kommend fällt der Graph bis zu $x = -3$.
Ab $x = -3$ steigt der Graph an.
Die mathematische Kurzschreibweise dafür lautet:
Der Graph verläuft fallend für $x \leqq -3$ und
steigend für $x \geqq -3$.

Beschreibe nun die Monotonie für die Funktion $y = (x - 2{,}5)^2$.

$y = (x - 2{,}5)^2$: Von links kommend __________ der Graph bis zu $x = \square$.
Ab $x = \square$ __________ der Graph an.
Der Graph verläuft __________ für $x \leqq 2{,}5$ und
__________ für $x \; \square \; 2{,}5$.

Wir verallgemeinern nun die für unsere beiden Funktionen gefundenen Eigenschaften für alle Funktionen der Art $y = (x + d)^2$.

Eigenschaften der Funktion $y = (x + d)^2$

- Der Summand d bewirkt eine Verschiebung der Parabel entlang der x-Achse.
- Ist $d > 0$, wird die Parabel um d Einheiten nach links verschoben.
- Ist $d < 0$, wird die Parabel um d Einheiten nach rechts verschoben.
- Der Scheitelpunkt hat die Koordinaten $S(-d; 0)$.
- Monotonie: Der Graph fällt für $x \leqq -d$ und
  steigt für $x \geqq -d$.
- Der Wertebereich wird durch den Summanden d nicht verändert: $y \geqq 0$.
- Die Funktionen mit der Gleichung $y = (x + d)^2$ haben eine Nullstelle: $x_0 = -d$.

Übung

2. Vervollständige die Tabelle.

Funktionsgleichung	Scheitel S	Nullstellen x_0	Monotonie fallend für	Monotonie steigend für
a) $y = (x + d)^2$	$(-d; 0)$	$x_0 = -d$	$x \leqq -d$	$x \geqq -d$
b) $y = (x - 5)^2$	$(5; 0)$	$x_0 = 5$	$x \leqq 5$	$x \geqq 5$
c) $y = (x + \frac{2}{5})^2$	$(\_\_\_; 0)$	$x_0 = \_\_\_$	$x \_\_\_ -\frac{2}{5}$	$x \_\_\_ -\frac{2}{5}$
d) $y = (x - 1{,}7)^2$	$(\_\_\_; \_\_\_)$	$x_0 = \_\_\_$	$x \_\_\_$	$x \_\_\_$
e) $y = (\_\_\_\_\_)^2$	$(-4{,}5; 0)$	$x_0 = \_\_\_$	$x \_\_\_$	$x \_\_\_$
f) $y = (\_\_\_\_\_)^2$	$(\_\_\_; \_\_\_)$	$x_0 = -7{,}2$	$x \_\_\_$	$x \_\_\_$
g) $y = (\_\_\_\_\_)^2$	$(\_\_\_; \_\_\_)$	$x_0 = \_\_\_$	$x \_\_\_ 1{,}6$	$x \_\_\_ 1{,}6$
h) $y = (x + (-4))^2$	$(\_\_\_; \_\_\_)$	$x_0 = \_\_\_$	$x \_\_\_$	$x \_\_\_$

5. Die Funktion $y = (x + d)^2 + e$

Im nun folgenden Abschnitt werden wir quadratische Funktionen untersuchen, in deren Funktionsgleichungen zwei Summanden vorkommen.

Beispiele: $y = (x - 1{,}5)^2 - 7$; $y = (x + 2{,}2)^2 - 1{,}3$ oder $y = \left(x - \frac{2}{3}\right)^2 + \frac{1}{9}$.

Zunächst wollen wir nur ein Problem klären: Ist dir schon aufgefallen, daß die oben genannten Gleichungen, ebenso wie die in Abschnitt 4 (S. 20) besprochenen Funktionen, nicht mit der Definition (S. 15) für quadratische Funktionen übereinstimmen? Du hast dir vielleicht auch schon die Frage gestellt, ob hier überhaupt noch quadratische Funktionen vorliegen. Die Antwort muß heißen: ja! Mit Hilfe der binomischen Formeln kannst du nämlich die obigen Gleichungen leicht in die „Definitionsform“ $y = ax^2 + bx + c$ umformen.

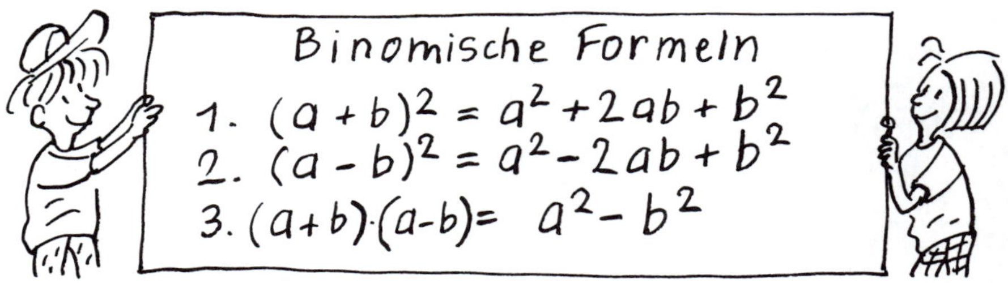

Beispielaufgaben

$y = (x - 1{,}5)^2 - 7$

$y = x^2 - 2 \cdot 1{,}5 \cdot x + 1{,}5^2 - 7$ nach 2. Binomischer Formel

$y = x^2 - 3x + 2{,}25 - 7$

$y = x^2 - 3x - 4{,}75$ mit $a = 1$, $b = -3$, $c = -4{,}75$

$y = ax^2 + bx + c$

Forme um und ergänze!

a) $y = (x + 2{,}2)^2 - 1{,}3$

$y =$ ______________ $- 1{,}3$ nach 1. Binomischer Formel

$y =$ ______________

$y = x^2$ ______________ mit $a =$ ____, $b =$ ____, $c =$ ____

b) $y = \left(x + \frac{2}{3}\right)^2 + \frac{1}{9}$

$y =$ ______________ $+$ ____ nach 1. Binomischer Formel

$y =$ ______________

$y =$ ______________ mit $a =$ ____, $b =$ ____, $c =$ ____

Jetzt wenden wir uns der Darstellung der Funktionen mit der Gleichung $y = (x + d)^2 + e$ zu.

Du hast die Abschnitte 3 und 4 gründlich durchgearbeitet, deshalb kannst du dir eine Voraussage über den Verlauf der Graphen zutrauen. Unterstreiche in den folgenden Sätzen die wahren Aussagen!

Vermutung:

- Der Graph wird eine Gerade/Parabel sein.
- Die Summanden d und e liefern die Koordinaten des Scheitelpunktes.
  Es gilt: $S(e; d)/S(-d; e)/S(d; -e)/S(e; -d)$.

Unsere Vermutung überprüfen wir an 3 beliebig ausgewählten Funktionen. Dabei gehen wir wieder nach unserem bewährten „Muster“ vor:

1. Wertetabelle anfertigen,
2. Funktion im Koordinatensystem darstellen.
3. Eigenschaften ablesen.

Wir wählen folgende Funktionsgleichungen:

$y = f_1(x) = (x - 2{,}5)^2 - 3$

$y = f_2(x) = (x + 3)^2 - 1{,}5$

$y = f_3(x) = (x - 0{,}5)^2 + 2$

Vervollständige die Wertetabelle für die Funktion $y = f_1(x) = (x - 2{,}5)^2 - 3$.

x	−0,5	0,5	1	1,5	1,75	2	2,25
$f_1(x)$							
x	2,5	2,75	3	3,25	3,5	4	4,5
$f_1(x)$	−3				−2		

↑ (zu x = 2,5)

$f_1(2{,}5) = (2{,}5 - 2{,}5)^2 - 3$
$f_1(2{,}5) = \quad 0 \quad - 3$
$f_1(2{,}5) = -3$

Ablaufplan für den TR:
2,5 [−] 2,5 [=] [x^2] [−] 3 [=]

↑ (zu x = 3,5)

$f_1(3{,}5) = (3{,}5 - 2{,}5)^2 - 3$
$f_1(3{,}5) = \quad 1 \quad - 3$
$f_1(3{,}5) = -2$

Ablaufplan für den TR:
3,5 [−] 2,5 [=] [x^2] [−] 3 [=]

Hat dein Taschenrechner Klammerntasten, kannst du auch die folgende Variante wählen: [(] 2,5 [−] 2,5 [)] [x^2] [−] 3 [=].
Du kommst bei der Benutzung des Taschenrechners ohne die Klammerntasten aus, darfst aber die im Ablaufplan farbig hervorgehobene [=] – Taste nicht vergessen. Durch diese Taste wird nämlich die Differenz in der Klammer berechnet. Erst danach wird quadriert.

Stelle nun für die Funktionen $y = f_2(x) = (x + 3)^2 - 1{,}5$ und $y = f_3(x) = (x - 0{,}5)^2 + 2$ ebenfalls Wertetabellen auf.

a) Bestimme zunächst die Scheitelpunktkoordinaten!

$f_2(x) = (x + 3)^2 - 1{,}5 \longrightarrow S(-3; \square)$

$f_3(x) = (x - 0{,}5)^2 + 2 \longrightarrow S(\square; 2)$

b) Vervollständige die Wertetabellen!

$y = f_2(x) = (x + 3)^2 - 1{,}5$

x	−6	−5	−4,5	−4	−3,75	−3,5	−3,25
$f_2(x)$							
x	−3	−2.75	−2,5	−2,25	−1,5	−1	0
$f_2(x)$			−1,25				

↑

Rechne so: $y = f_2(-2{,}5) = (-2{,}5 + 3)^2 - 1{,}5$
$y = f_2(-2{,}5) = (0{,}5)^2 - 1{,}5$
$y = f_2(-2{,}5) = 0{,}25 - 1{,}5$
$y = f_2(-2{,}5) = -1{,}25$

$y = f_3(x) = (x - 0{,}5)^2 + 2$

x	−2,5	−1,5	−1	−0,5	−0,25	0	0,25
$f_3(x)$							

x	0,5	0,75	1	1,25	1,5	2	2,5
$f_3(x)$					3		

Rechne so: $y = f_3(1{,}5) = (1{,}5 - 0{,}5)^2 + 2$
$y = f_3(1{,}5) = 1^2 + 2$
$y = f_3(1{,}5) = 3$

c) Im Koordinatensystem ist die Funktion $f_2(x)$ bereits eingetragen. Zeichne (mit anderen Farben) die Punkte von $f_1(x)$ und $f_3(x)$ in das gleiche Koordinatensystem ein, und verbinde sie jeweils zu einer Parabel.

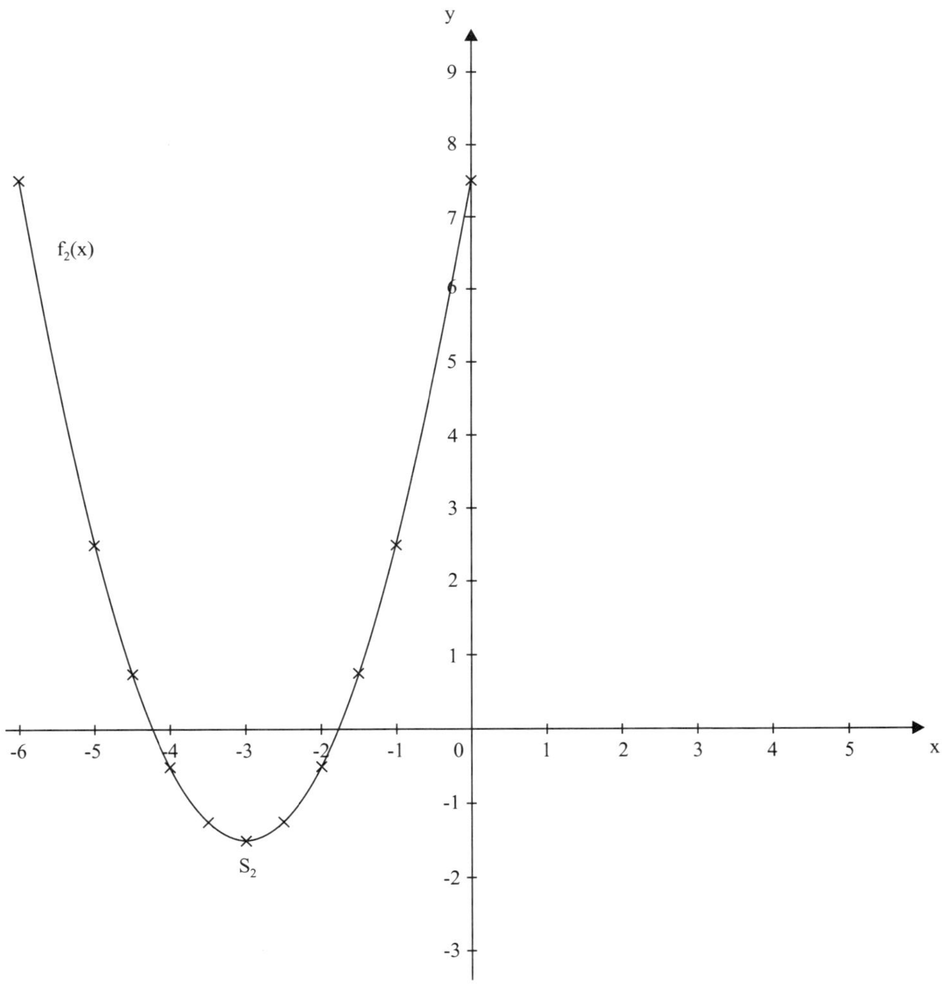

Lies dir die Aussagen im Merkkasten gut durch, bevor du die weiteren Übungsaufgaben löst. Wenn du beim Lösen einer Aufgabe Schwierigkeiten hast, dann lies nochmals im Merkkasten nach. Vergleiche die Aussagen mit den Beispielen auf den vorhergehenden Seiten (S. 25–27).

Eigenschaften der Funktion $y = (x + d)^2 + e$

- Der Summand d bewirkt eine Verschiebung der Parabel entlang der x-Achse.
- Der Summand e bewirkt eine Verschiebung der Parabel entlang der y-Achse.
- Der Scheitelpunkt hat die Koordinaten $S(-d; e)$.
- Monotonie: Der Graph fällt für $x \leqq -d$,
  steigt für $x \geqq -d$.
- Wertebereich: $y \geqq e$
- Nullstellen: In Abhängigkeit von e kann es zwei, eine oder keine Nullstelle geben.
  $e < 0$: 2 Nullstellen
  $e = 0$: 1 Nullstelle
  $e > 0$: keine Nullstelle
- Die Parabel ist symmetrisch zu einer Parallelen zur y-Achse, die durch $x = -d$ verläuft.

Übungen

1. Ergänze die fehlenden Angaben in der Tabelle!

	Funktionsgleichung	Scheitelpunkt S	Wertebereich	Anzahl der Nullstellen	Monotonie fallend	Monotonie steigend
a)	$y = (x + d)^2 + e$	$(-d; e)$	$y \geqq e$	$e < 0$: zwei $e = 0$: eine $e > 0$: keine	$x \leqq -d$	$x \geqq -d$
b)	$y = (x - 2{,}5)^2 - 3$	$(2{,}5; -3)$	$y \geqq -3$	zwei, weil $-3 < 0$	$x \leqq 2{,}5$	$x \geqq 2{,}5$
c)	$y = (x + 3)^2 - 1{,}5$	$(-3;$ ___ $)$	$y \geqq$ ___	___, weil $-1{,}5 < 0$	$x \leqq$ ___	$x \geqq -3$
d)	$y = (x - 0{,}5)^2 + 2$	(___ ; 2)	$y \geqq$ ___	___, weil 2 ___ 0	$x \leqq 0{,}5$	$x \geqq$ ___
e)	$y = (x + 7)^2 + 2$	(___ ; ___)	$y \geqq 2$	keine, weil 2 ___ 0	$x \leqq$ ___	$x \geqq$ ___
f)	$y = (x - 1)^2 - 3$	(___ ; ___)	$y \geqq$ ___	___, weil -3 ___ 0	$x \leqq$ ___	$x \geqq$ ___
g)	$y = (x + 5)^2 - 5$	$(-5;$ ___ $)$	$y \geqq$ ___	___, weil -5 ___ 0	$x \leqq$ ___	$x \geqq$ ___
h)	$y = (x - 3)^2$	(___ ; ___)	$y \geqq$ ___	___, weil $e = 0$	$x \leqq$ ___	$x \geqq$ ___

2. In den Koordinatensystemen (S. 29/30) sind quadratische Funktionen der Form $y = (x + d)^2 + e$ dargestellt. Ermittle jeweils die Scheitelpunktkoordinaten, den Wertebereich, die Anzahl der Nullstellen, die Monotonie und die Funktionsgleichung.
Betrachte zunächst das vorgeführte, farbig dargestellte Beispiel.

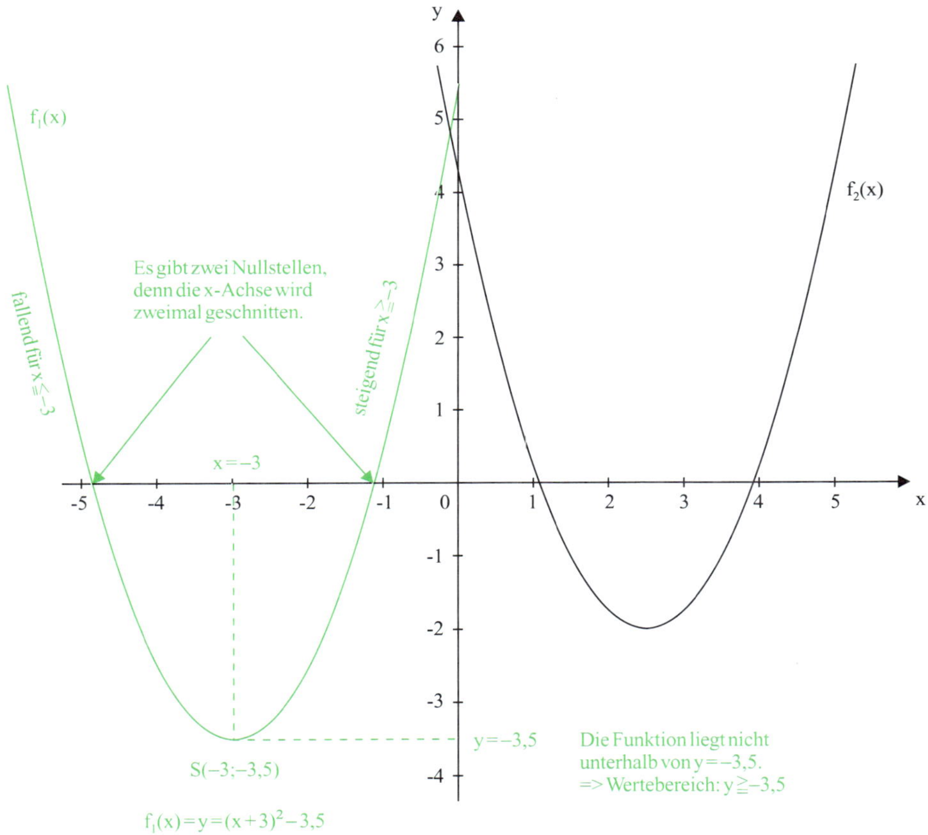

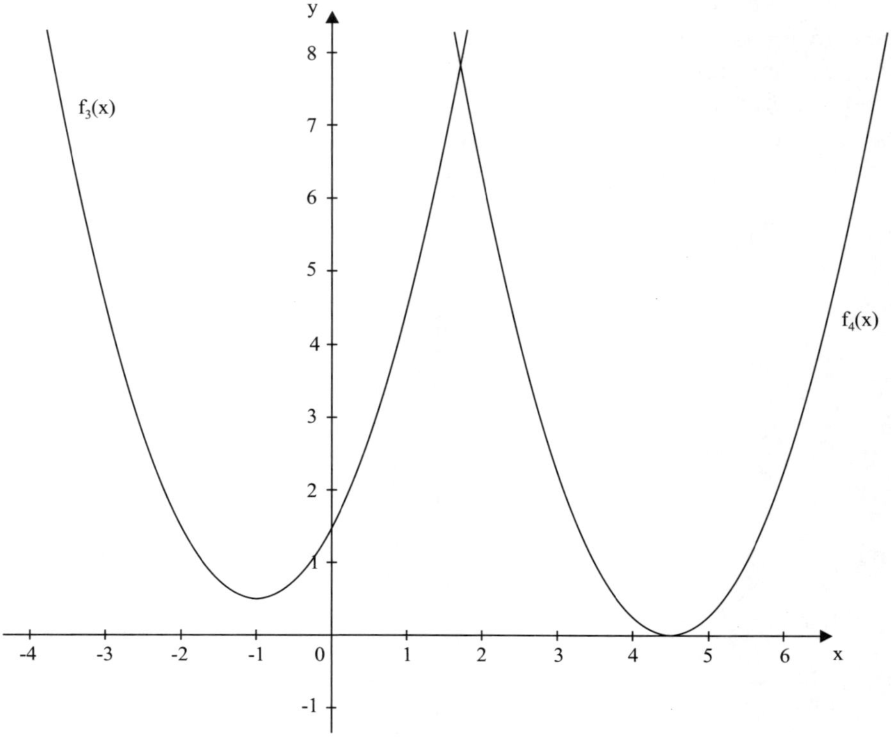

Mit Hilfe von Parabelschablonen lassen sich alle quadratischen Funktionen der Form $y = (x + d)^2 + e$ ganz leicht graphisch darstellen.
Gegeben ist die Funktion $y = (x - 2{,}5)^2 - 3$.

Lösung:
1. Scheitelpunkt bestimmen: S(2,5; −3).
2. Scheitelpunkt in das Koordinatensystem eintragen.
3. Parabelschablone exakt am Scheitelpunkt anlegen und Parabel zeichnen.
4. Kontrolle: Die Parabel muß durch folgende Punkte verlaufen:
   Vom Scheitelpunkt aus 1 Einheit zur Seite und 1 Einheit nach oben.
   Vom Scheitelpunkt aus 2 Einheiten zur Seite und 4 Einheiten nach oben.
   Vom Scheitelpunkt aus 3 Einheiten zur Seite und 9 Einheiten nach oben.
   (Vergleiche mit der Abbildung.)

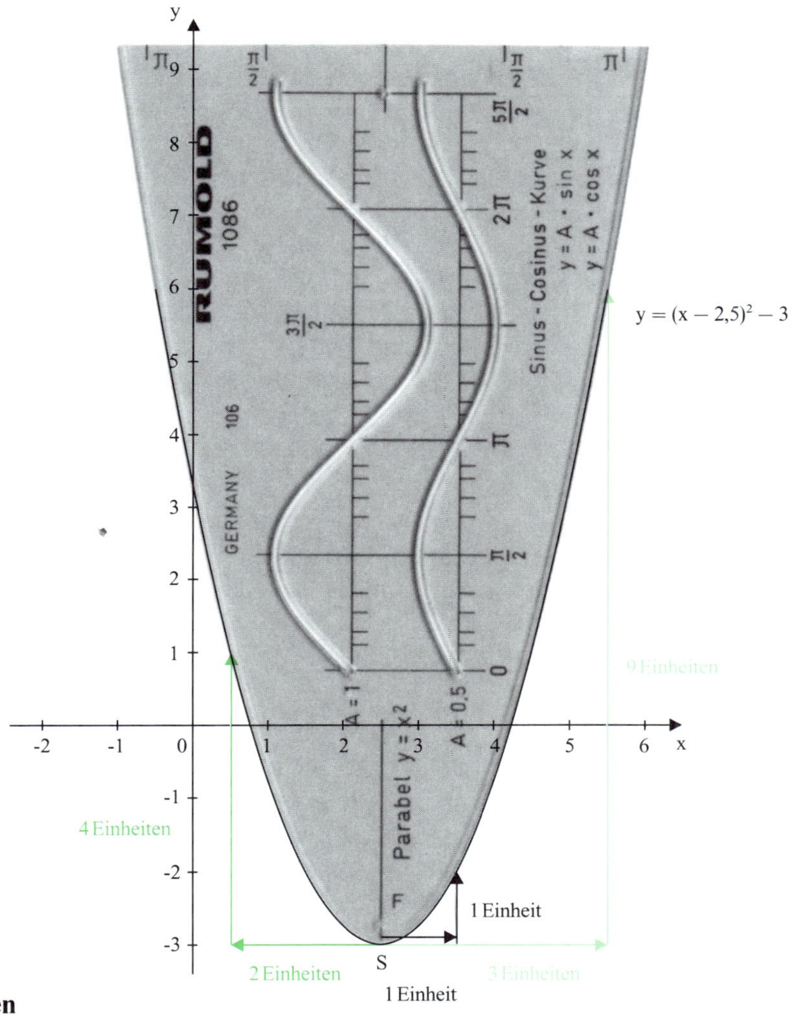

Übungen

3. Zeichne die Graphen folgender Funktionen in ein Koordinatensystem.

a) $y = (x - 2)^2 + 3$ **b)** $y = (x + 1{,}5)^2 - 2$

c) $y = (x - 5)^2 - 3{,}5$ **d)** $y = (x + 4{,}5)^2 + 0{,}5$

Beachte: Du darfst die Parabelschablone nur dann benutzen, wenn im Koordinatensystem auf jeder Achse 1 Einheit 1 cm lang ist!

4. Kontrolliere deine Lösungen aus der Aufgabe 3! Folgende Punkte müssen auf der jeweiligen Parabel liegen:

	Funktion	Punkte
a)	$y = (x - 2)^2 + 3$	(3; 4); (0; 7)
b)	$y = (x + 1{,}5)^2 - 2$	(1,5; 7); (–2,5; –1)
c)	$y = (x - 5)^2 - 3{,}5$	(6; –2,5); (2; 5,5)
d)	$y = (x + 4{,}5)^2 + 0{,}5$	(–2,5; 4,5); (–5,5; 1,5)

6. Die Funktion $y = x^2 + px + q$

Im Abschnitt 3 (→ S. 14) haben wir unsere systematischen Untersuchungen mit dem einfachsten Fall begonnen. Wir setzten die Koeffizienten $c = b = 0$ und $a = 1$ und erhielten $y = x^2$.
Jetzt dürfen die Koeffizienten b und c verschieden von Null sein. Weiterhin fordern wir aber $a = 1$. Die Funktionsgleichung heißt dann: $y = x^2 + bx + c$.
Wenn der Koeffizient vor x^2 gleich Eins ist, nennt man die anderen Koeffizienten häufig nicht b und c, sondern p und q. Unsere Funktionsgleichung heißt dann $y = x^2 + px + q$. Diese Form nennen wir **Normalform**.
Auf der Seite 25 hast du gelernt, daß jede quadratische Funktion aus der Scheitelpunktform $y = (x + d)^2 + e$ mit Hilfe der binomischen Formeln in die Normalform $y = x^2 + px + q$ überführt werden kann.
Du weißt auch, daß man quadratische Funktionen in Scheitelpunktform unter Nutzung der Parabelschablone leicht zeichnen kann.

Frage: Welche Möglichkeiten gibt es, quadratische Funktionen, die in der Normalform gegeben sind, graphisch darzustellen?
Antwort: Wenn du eine Wertetabelle aufstellst, kannst du diese Funktionen darstellen. Möchtest du jedoch die Parabelschablone nutzen, so muß zunächst die quadratische Funktion aus der Normalform in die Scheitelpunktform überführt werden.

Beispielaufgaben

a) Gegeben sei $y = x^2 - 8x + 16$.
Der Term $x^2 - 8x + 16$ wird mit Hilfe der binomischen Formeln als vollständiges Quadrat geschrieben. Dafür benutzen wir die 2. Binomische Formel (→ S. 24) und vergleichen diese mit dem Term.

$y = x^2 - 8x + 16$	Im Mittelglied muß der Faktor 2 vorkommen.
$a^2 - 2ab + b^2$	Deshalb wird die 8 in ein Produkt mit dem Faktor 2 zerlegt: $8 = 2 \cdot 4$.
$y = x^2 - 2 \cdot x \cdot 4 + 16$	Schreibe 16 als Quadrat.
$y = x^2 - 2 \cdot x \cdot 4 + 4^2$	
$(a - b)^2$	Vergleich: $a \mathrel{\hat=} x$ $\quad b \mathrel{\hat=} 4$
	$a^2 \mathrel{\hat=} x^2$ $\quad b^2 \mathrel{\hat=} 4^2 = 16$
$y = (x - 4)^2$	Der Scheitelpunkt ist $S(4; 0)$.

b) Gegeben sei $y = x^2 + 6x$.
Im Term $x^2 + 6x$ fehlt das 2. quadratische Glied. Wir müssen es ergänzen. Man spricht dann von **quadratischer Ergänzung**. Auch dabei kommen wieder die binomischen Formeln zur Anwendung.
Wir geben dir ein „Rezept", mit dem du immer sicher zum Ziel kommen kannst. Für die Sprechweise ist folgende Vereinbarung noch wichtig. In der Funktionsgleichung wird das Glied, welches den Faktor x enthält, lineares Glied genannt.

Im Beispiel a) heißt das lineare Glied: $-8x$. Dabei ist -8 dessen Koeffizient.
Im Beispiel b) heißt das lineare Glied: $6x$. Dabei ist 6 dessen Koeffizient.

Schrittfolge	Beispiel b)
1. Suche den Koeffizienten des linearen Gliedes.	6
2. Halbiere diesen Koeffizienten.	$6:2=3$
3. Bilde das Quadrat des halben Koeffizienten.	$3^2=9$
4. Addiere dieses Quadrat zum Term **und** subtrahiere es sogleich wieder, damit der Termwert erhalten bleibt.	$y=x^2+6x+9-9$
5. Setze um die ersten drei Summanden eine Klammer.	$y=(x^2+6x+9)-9$
6. Wende auf den Term in der Klammer die binomische Formel an.	$y=(x+3)^2-9$

Mit diesen sechs Schritten haben wir die Normalform $y=x^2+6x$ in die Scheitelpunktform $y=(x+3)^2-9$ überführt und können jetzt die Koordinaten des Scheitelpunktes ablesen: $S(-3; -9)$.
Wir raten dir, bei dieser Umformung immer die Probe auszuführen, d.h. die Scheitelpunktform durch Ausmultiplizieren der Klammer (Anwendung der binomischen Formel) wieder in die Normalform umzuformen (→ S. 25).

Probe: $y=(x+3)^2-9$
$y=x^2+2\cdot 3\cdot x+3^2-9$
$y=x^2+6x+9-9$
$y=x^2+6x$

c) Gegeben sei $y=x^2+6x-4$.
Im Term x^2+6x-4 stört die -4, denn -4 kann kein quadratisches Glied sein. Wir nutzen wieder die quadratische Ergänzung. Das Glied -4 „schieben“ wir zunächst nach hinten und beachten es nicht weiter. Aber: Wir lassen es **nicht** weg!

Schrittfolge	Beispiel c)
1. Suche den Koeffizienten des linearen Gliedes.	6
2. Halbiere diesen Koeffizienten.	$6:2=3$
3. Bilde das Quadrat des halben Koeffizienten.	$3^2=9$
4. Addiere dieses Quadrat zum Term **und** subtrahiere es sogleich wieder, damit der Termwert erhalten bleibt.	$y=x^2+6x+9-9-4$
5. Setze um die ersten drei Summanden eine Klammer.	$y=(x^2+6x+9)-9-4$
6. Wende auf den Term in der Klammer die binomische Formel an, und berechne die Summe hinter der Klammer.	$y=(x+3)^2-13$

Probe: $y = (x + 3)^2 - 13$

$y = x^2 + 2 \cdot 3 \cdot x + 3^2 - 13$

$y = x^2 + 6x + 9 - 13$

$y = x^2 + 6x - 4$

Die Probe liefert unsere Ausgangsgleichung. Deshalb haben wir die quadratische Ergänzung richtig ausgeführt.
Wir geben jetzt noch die Koordinaten des Scheitelpunktes an: S(–3; –13).

Die Beispiele **a)** und **b)** sind etwas einfacher als das Beispiel **c)**; sie sind Spezialfälle. Wir üben deshalb analog zum Beispiel **c)**.

Übungen

1. Vervollständige! Die Funktionsgleichungen sollen in die Scheitelpunktform gebracht werden.

a) $y = x^2 + 8x + 3$

1. Koeffizient des linearen Gliedes:	____
2. Hälfte des Koeffizienten:	4
3. Quadrat des halben Koeffizienten:	____
4. Quadrat addieren und subtrahieren:	$y = x^2 + 8x + 16 - 16 + 3$
5. Klammer setzen:	$y = ($ ________ $)$ $- 16 + 3$
6. Binomische Formel:	$y = (x + 4)^2 -$ ____

Probe: $y = (x + 4)^2 - 13$

$y =$ ____________________

$y = x^2 + 8x + 16 - 13$

$y =$ ____________________ Scheitelpunkt S(–4; ____)

b) $y = x^2 - 0{,}5x - 3$

1. Koeffizient des linearen Gliedes:	$-0{,}5$
2. Hälfte des Koeffizienten:	____
3. Quadrat des halben Koeffizienten:	____
4. Quadrat addieren und subtrahieren:	$y = x^2 - 0{,}5x +$ ____ $-$ ____ $- 3$
5. Klammer setzen:	$y =$ ____________________
6. Binomische Formel:	$y = (x - 0{,}25)^2 -$ ________

Probe: $y = ($ ________ $)^2 - 3{,}0625$

$y =$ ____________________

$y =$ ____________________

$y =$ ____________________ Scheitelpunkt S(____; –3,0625)

c) $y = x^2 + x$

1. Koeffizient des linearen Gliedes: 1
2. Hälfte des Koeffizienten: ____
3. Quadrat des halben Koeffizienten: ____
4. Quadrat addieren und subtrahieren: $y = x^2 + x +$ ____ $-$ ____
5. Klammer setzen: $y = (x^2 + x + 0{,}25) -$ ____
6. Binomische Formel: $y = (x +$ ____ $)^2 - 0{,}25$

Probe: $y = (x + 0{,}5)^2 -$ ____

$y =$ ____________

$y =$ ____________

$y =$ ____________ Scheitelpunkt S(______ ; ______)

2. Bringe die Funktionsgleichungen in die Scheitelpunktform. Gib dann die Koordinaten des Scheitelpunktes, den Wertebereich und das Monotonieverhalten der Funktion an.

a) $y = x^2 - 2x + 5$

1. Koeffizient des linearen Gliedes: ____
2. Hälfte des Koeffizienten: ____
3. Quadrat des halben Koeffizienten: ____
4. Quadrat addieren und subtrahieren: $y =$ ____________
5. Klammer setzen: $y = ($ ______ $) -$ ____ $+ 5$
6. Binomische Formel: $y = ($ ______ $)^2 + 4$

Probe: $y = ($ ______ $)^2 + 4$

$y =$ ____________

$y =$ ____________

$y =$ ____________

Der Scheitelpunkt hat die Koordinaten: S(1; 4).
Die hinten stehende y-Koordinate liefert den Wertebereich: $y \geqq 4$.
Die vorn stehende x-Koordinate liefert das Monotonieverhalten:
$x \leqq 1 \longrightarrow$ fallend und
$x \geqq 1 \longrightarrow$ steigend.

b) $y = x^2 - 10x - 1$

c) $y = x^2 - x - 1$

d) $y = x^2 - 4x$

e) $y = x^2 - \frac{5}{2}x + 3$

3. Forme die Funktionsgleichungen in die Scheitelpunktform um. Zeichne anschließend die Parabeln mit Hilfe der Schablone in ein Koordinatensystem.

a) $y = x^2 - 6x + 10$ **b)** $y = x^2 + 4x$

c) $y = x^2 + 9x + 18$ **d)** $y = x^2 - 2x - 2$

4. Die quadratischen Funktionen nehmen in ihrem Scheitelpunkt den kleinsten Funktionswert an. Man spricht von einem Minimum oder auch Extremwert. Für welche x-Werte nimmt die Funktion ihren kleinsten Funktionswert an?

a) $y = (x - 3)^2 + 2$

Lösung: S(3; 2)
Für x = 3 wird der kleinste Funktionswert y = 2 angenommen.

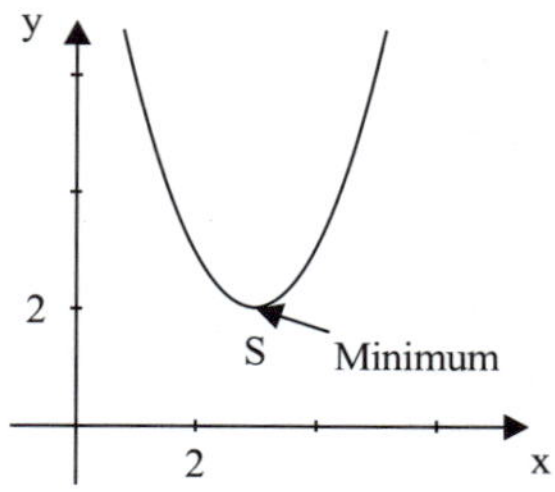

b) $y = (x + 1{,}5)^2 - 10$ **c)** $y = (x - 6)^2 + 1{,}5$ **d)** $y = x^2 - 6x$

5. Die Funktion $y = x^2 + px + q$ nimmt für x_1 ihren kleinsten Funktionswert y_1 an. Berechne den Funktionswert zu x_2.

a) $x_1 = 3;\ y_1 = 2;\ x_2 = 4$

Lösung: x_1 und y_1 sind die Koordinaten des Scheitelpunktes $S(x_1; y_1) = S(-d; e) = S(3; 2)$.
Die Funktionsgleichung in der Scheitelpunktform läßt sich sofort angeben: $y = (x + d)^2 + e = (x - 3)^2 + 2$.
Der Funktionswert zu x_2 kann jetzt berechnet werden:

$$f(x) = y = (x - 3)^2 + 2$$
$$f(\mathbf{x_2}) = f(\mathbf{4}) = y = (\mathbf{4} - 3)^2 + 2$$
$$y = 1 + 2$$
$$\underline{\underline{y = 3}}$$

b) $x_1 = 1;\ y_1 = 5;\ x_2 = 7$ **c)** $x_1 = 10;\ y_1 = 0{,}5;\ x_2 = -3$

d) $x_1 = 0{,}5;\ y_1 = -2{,}5;\ x_2 = 3{,}5$ **e)** $x_1 = -2;\ y_1 = -3{,}5;\ x_2 = -4$

Im Unterricht hast du sicherlich schon gelernt, daß man mit Hilfe einer Formel auch aus der Funktionsgleichung in Normalform sofort die Scheitelpunktkoordinaten bestimmen kann. Wir werden diese Formel nicht herleiten, sondern nur deren Anwendung üben.

$$y = x^2 + px + q$$
$$y = x^2 - 3x + 4 \longrightarrow S\left(-\frac{p}{2}; -\frac{p^2}{4} + q\right)$$

1. p und q ablesen: $p = -3$; $q = 4$.
2. p und q in die Formel einsetzen und jede Koordinate getrennt berechnen:

   x-Koordinate: $x_s = -\frac{p}{2} = -\left(\frac{-3}{2}\right) = +1{,}5$

   y-Koordinate: $y_s = -\frac{p^2}{4} + q = -\frac{(-3)^2}{4} + 4$

   $= -2{,}25 + 4$

   $= 1{,}75$
3. Scheitelpunkt angeben: $S(1{,}5;\, 1{,}75)$.

$y = x^2 + px + q$

$y = x^2 + x - 3 \longrightarrow S\left(-\frac{p}{2};\ \_\_\_\_\right)$

1. p und q ablesen: $p = 1$; $q =$ ____ .
2. p und q in die Formel einsetzen und jede Koordinate getrennt berechnen:

   x-Koordinate: $x_s = -\frac{p}{2} = -$ ____ $=$ ____

   y-Koordinate: $y_s = -\frac{p^2}{4} + q = -\frac{1^2}{4} + (-3)$

   $=$ ____
3. Scheitelpunkt angeben: $S(-0{,}5;\, -3{,}25)$

Präge dir die Formel für die Scheitelpunktkoordinaten gut ein. Schreibe sie zur Sicherheit immer wieder mit auf. Und denke daran: Du darfst keine Klammer und kein Minuszeichen vergessen!

Übungen

6. Ergänze!

$y = x^2 + px + q$

$y = x^2 - 0{,}4x - 0{,}6 \longrightarrow S($ ____ ; ____ $)$

1. p und q ablesen: $p =$ ____ ; $q =$ ____ .
2. p und q in die Formel einsetzen und jede Koordinate getrennt berechnen:

   x-Koordinate: $x_s = -\frac{p}{2} = -\frac{\_\_\_\_}{2} =$ ____

   y-Koordinate: $y_s = -\frac{p^2}{4} + q =$ ____

   $=$ ____
3. Scheitelpunkt angeben: $S($ ____ $;\, -0{,}64)$

7. Bestimme die Scheitelpunktkoordinaten!

a) $y = x^2 - x + 5$ **b)** $y = x^2 + 4x - 1$ **c)** $y = x^2 - 10x - 6$

d) $y = x^2 + 3x + 1{,}5$ **e)** $y = x^2 - 6$ **f)** $y = x^2 - 3x$

Es gibt auch die Möglichkeit, vom gegebenen Scheitelpunkt S ausgehend, zur Normalform der quadratischen Funktion $y = x^2 + px + q$ zu gelangen.

Beispielaufgaben

a) Gegeben sei $S(3; -4)$.

Gesucht ist die zugehörige Funktionsgleichung in der Form $y = x^2 + px + q$.

Lösung: $S(3; -4)$

$$S\left(-\frac{p}{2}; -\frac{p^2}{4} + q\right)$$

Es ergeben sich zwei Gleichungen:

$$-\frac{p}{2} = 3 \qquad \text{und} \qquad -\frac{p^2}{4} + q = -4$$

Aus der linken Gleichung kannst du schnell p berechnen.

$$-\frac{p}{2} = 3 \quad |\cdot(-2)$$

$$\underline{\underline{p = -6}}$$

Nun wird der Wert für p in die rechte Gleichung eingesetzt. Diese lösen wir dann nach q auf.

$$-\frac{(-6)^2}{4} + q = -4$$

$$-9 + q = -4 \quad |+9$$

$$\underline{\underline{q = 5}}$$

Die Normalform heißt: $y = x^2 - 6x + 5$.

b) Gegeben sei $S(-1; 2)$.

Gesucht ist die zugehörige Funktionsgleichung in der Form $y = x^2 + px + q$.

Lösung: $S(-1; 2)$

S(______ ; ________)

Es ergeben sich zwei Gleichungen:

$$-\frac{p}{2} = -1 \quad |\cdot(-2)$$

$$\underline{\underline{p = 2}}$$

$-\frac{p^2}{4} + q =$ ______

$-$ ______ $+ q = 2 \quad |+$ ______

$$\underline{\underline{q = 3}}$$

Die Normalform heißt: $y = x^2 + 2x + 3$.

c) Gegeben sei S(0,5; −6,5).
Gesucht ist die zugehörige Funktionsgleichung in der Form $y = x^2 + px + q$.
Lösung: S(0,5; −6,5)

S(______ ; ______)

Es ergeben sich zwei Gleichungen:

$-\frac{p}{2} =$ ______ $\mid \cdot (-2)$ ______ $= -6{,}5$

$p =$ ______ $-$ ______ $+ q = -6{,}5 \quad \mid +$ ______

$q =$ ______

Die Normalform heißt: $y = x^2$ ______.

Übung

8. Ermittle die Funktionsgleichungen in der Normalform, wenn fogende Scheitelpunkte gegeben sind.

a) S(3; 15) **b)** S(−1; −1) **c)** S(9; −7)
d) S(−3; 2,5) **e)** S(0; 4) **f)** S(4; 0)

7. Nullstellen einer quadratischen Funktion

Nullstellen werden dort abgelesen, wo der Graph einer Funktion die x-Achse schneidet oder berührt.
Es gibt drei Möglichkeiten, die Lage des Graphen einer Funktion im Koordinatensystem zu beschreiben:

a) Der Graph liegt unterhalb der x-Achse.

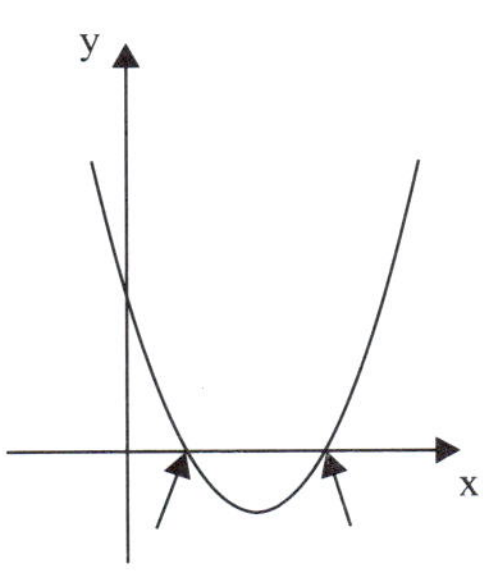

zwei Nullstellen

b) Der Graph liegt genau auf der x-Achse.

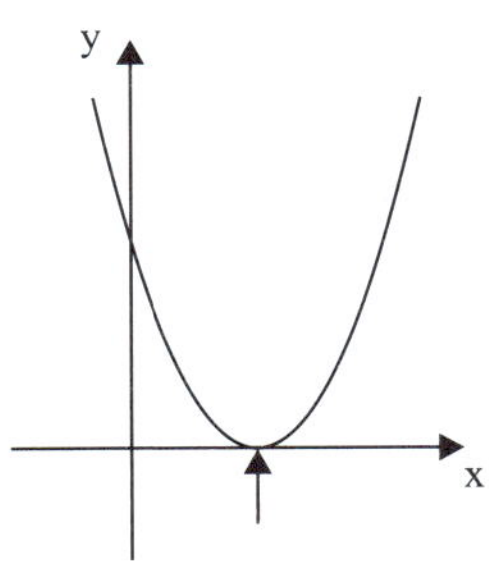

eine Nullstelle

c) Der Graph liegt oberhalb der x-Achse.

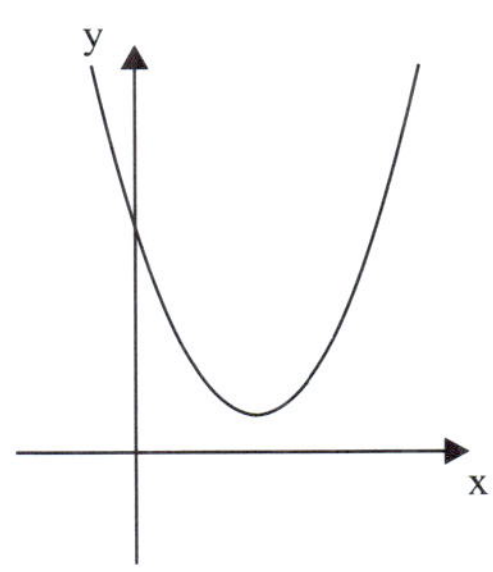

keine Nullstelle

Für die Fälle a) und b) existieren Nullstellen, denn der Graph schneidet (a) bzw. berührt (b) die x-Achse. Im Fall c) kann es nie Nullstellen geben, denn der Graph schneidet oder berührt **nicht** die x-Achse.
Wie läßt sich aber, ohne die Funktion zu zeichnen, entscheiden, ob eine quadratische Funktion überhaupt Nullstellen hat? Und wenn ja, wie viele?

Na klar! Die y-Koordinate des Scheitelpunktes läßt eine Entscheidung zu. Dabei ist es egal, in welcher Form die Funktionsgleichung gegeben ist.

Ergänze die folgende Übersicht!

$y = x^2 + px + q$ $S\left(-\frac{p}{2}; \_\_\_\_\right)$ $y_S = -\frac{p^2}{4} + q$	Anzahl der Nullstellen	$y = (x+d)^2 + e$ $S(-d; \_\_\_\_)$ $y_S = e$
$-\frac{p^2}{4} + q < 0$	zwei, also $y_S < 0$	$e < 0$
$\_\_\_\_ = 0$	eine, also $y_S \_\_\_\_ 0$	$\_\_\_\_$
$\_\_\_\_$	keine, also $y_S \_\_\_\_ 0$	$\_\_\_\_$

Beispielaufgaben
Wie viele Nullstellen haben folgende Funktionen?

a) $y = (x-3)^2 - 2$

$y = (x+d)^2 + e$
$e = -2 < 0$

$\rightarrow$ 2 Nullstellen

b) $y = x^2 - 6x + 9$

$y = x^2 + px + q$
$p = -6;\ q = 9$

$$-\frac{p^2}{4} + q = -\frac{(-6)^2}{4} + 9 = -9 + 9 = 0$$

$\rightarrow$ eine Nullstelle

Übung

1. Entscheide, wie viele Nullstellen die Funktionen haben!

a) $y = (x-1{,}5)^2 + 4$ **b)** $y = x^2 + 2x - 2$ **c)** $y = \left(x - \frac{2}{3}\right)^2$

d) $y = x^2 - 7x + 12{,}25$ **e)** $y = (x+4)^2 - \frac{2}{5}$ **f)** $y = x^2 + 5x + 7$

Nun ist es dir möglich, von vornherein die Funktionsgleichung so zu „konstruieren“, daß der Graph der zugehörigen Funktion zwei Nullstellen, eine oder keine Nullstelle besitzt.

Beispielaufgabe

Für welchen Wert für q hat die Funktion $y = x^2 - 3x + q$ zwei Nullstellen, eine bzw. keine Nullstelle?

Die Funktion $y = x^2 - 3x + q$ hat

zwei Nullstellen, wenn $-\frac{p^2}{4} + q < 0$ ist.	eine Nullstelle, wenn $-\frac{p^2}{4} + q = 0$ ist.	keine Nullstelle, wenn $-\frac{p^2}{4} + q > 0$ ist.

Den Wert für p kannst du aus der Funktionsgleichung ablesen. Setze jeweils diesen Wert in die Gleichung und die Ungleichungen ein, und löse nach der gesuchten Größe q auf.

$p = -3$	$p = -3$	$p = -3$
$-\frac{(-3)^2}{4} + q < 0$	$-\frac{(-3)^2}{4} + q = 0$	$-\frac{(-3)^2}{4} + q > 0$
$-2{,}25 + q < 0 \mid +2{,}25$	$-2{,}25 + q = 0 \mid +2{,}25$	$-2{,}25 + q > 0 \mid +2{,}25$
$\underline{\underline{q < 2{,}25}}$	$\underline{\underline{q = 2{,}25}}$	$\underline{\underline{q > 2{,}25}}$

Setzt man für q Zahlen ein, die kleiner als 2,25 sind, besitzt die Funktion $y = x^2 - 3x + q$ zwei Nullstellen, z.B.: $y = x^2 - 3x + 2$ oder $y = x^2 - 3x - 2$.
Setzt man für q genau die Zahl 2,25 ein, besitzt die Funktion $y = x^2 - 3x + q$ eine Nullstelle. Die Funktionsgleichung heißt dann $y = x^2 - 3x + 2{,}25$.
Setzt man für q Zahlen ein, die größer als 2,25 sind, besitzt die Funktion $y = x^2 - 3x + q$ keine Nullstelle, z.B.: $y = x^2 - 3x + 3$ oder $y = x^2 - 3x + 10$.

Übung

2. Gib für q jeweils geeignete Werte an, so daß die Funktion
- zwei Nullstellen,
- eine Nullstelle und
- keine Nullstelle hat.

a) $y = x^2 - 4x + q$ **b)** $y = x^2 + 5x + q$ **c)** $y = x^2 + 1{,}5x + q$

Vorläufig können wir die Nullstellen nur näherungsweise bestimmen, indem wir sie aus der graphischen Darstellung ablesen. Die Vorgehensweise überlegen wir uns am folgenden Beispiel.

Beispielaufgabe

Es sollen die Nullstellen der Funktion $y = x^2 - 6x + 8$ bestimmt werden.

Lösung:

– p und q ablesen

$p = \underline{\quad\quad}, \; q = \underline{\quad\quad}$

– Koordinaten des Scheitelpunktes S berechnen

$x_s = -\frac{p}{2} = -\frac{\underline{\quad\quad}}{2} = \underline{\quad\quad}$

$y_s = -\frac{p^2}{4} + q = -\underline{\quad\quad\quad} = \underline{\quad\quad}$

$S(\underline{\quad\quad}; \underline{\quad\quad})$

– Funktion im Koordinatensystem darstellen

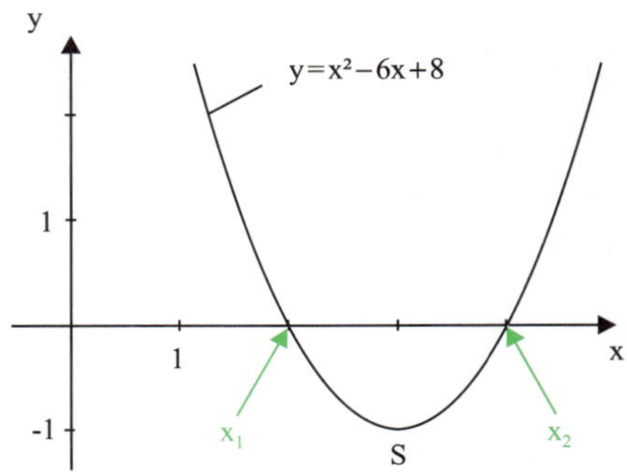

– Nullstellen ablesen

$x_1 = 2; \; x_2 = \underline{\quad\quad}$

– Die Funktion $y = x^2 - 6x + 8$ hat die beiden Nullstellen $x_1 = 2$ und $x_2 = 4$.

Übung

3. Bestimme die Nullstellen der folgenden Funktionen.

a) $y = x^2 + 6x + 8$ **b)** $y = x^2 + 4x$ **c)** $y = x^2 + x - 3$
d) $y = x^2 - x$ **e)** $y = x^2 - 5x + 5{,}25$ **f)** $y = x^2 + 1{,}5x - 1$
g) $y = (x + 4)^2 - 4$ **h)** $y = (x - 3)^2 + 2$ **i)** $y = x^2 - 2x - 2$

Zusammenfassung

1. Quadratische Funktionen haben die allgemeine Funktionsgleichung $y = ax^2 + bx + c \; (a \neq 0)$.
2. Ist $a = 1$, so können wir zwei Funktionsgleichungen unterscheiden, die sich ineinander umformen lassen:

Scheitelpunktform		Normalform
$y = (x + d)^2 + e$	Binomische Formel → ← Quadratische Ergänzung	$y = x^2 + px + q$
↓		↓
$S(-d; e)$		$S\left(-\frac{p}{2}; -\frac{p^2}{4} + q\right)$[1]

3. Die Graphen dieser quadratischen Funktionen nennen wir Parabeln. Die Parabeln lassen sich mit einer Parabelschablone leicht zeichnen.

[1] In einigen Nachschlagewerken findest du auch: $S\left(-\frac{p}{2}; -\left(\left(\frac{p}{2}\right)^2 - q\right)\right)$.

8. Training

1. Forme die Funktionsgleichungen in die Normalform um.

a) $y = (x - 1{,}5)^2$ **b)** $y = (x + 2)^2 - 3{,}5$

c) $y = (x + 7)^2 + 1$ **d)** $y = (x - 3{,}5)^2 - 6$

2. Forme die Funktionsgleichungen in die Scheitelpunktform um.

a) $y = x^2 + 4x + 7$ **b)** $y = x^2 - 6x + 5$

c) $y = x^2 - 10x + 27$ **d)** $y = x^2 + 8x + 19$

3. Ermittle von den Funktionen den Scheitelpunkt.
Bestimme daraus den Wertebereich, das Monotonieverhalten und die Anzahl der Nullstellen.

a) $y = x^2 - 4{,}5$ **b)** $y = (x - 3{,}7)^2$

c) $y = (x - 4{,}5)^2 + 2{,}5$ **d)** $y = \left(x + \frac{2}{3}\right)^2 - \frac{1}{4}$

e) $y = x^2 + 7x + 8{,}75$ **f)** $y = x^2 - x - 1$

g) $y = x^2 - 4x + 5$ **h)** $y = x^2 - \frac{8}{3}x + 1$

4. Bestimme von den Funktionen, die im Koordinatensystem dargestellt sind, die Scheitelpunktkoordinaten. Gib die zugehörigen Funktionsgleichungen sowohl in der Form $y = x^2 + px + q$ als auch in der Form $y = (x + d)^2 + e$ an.

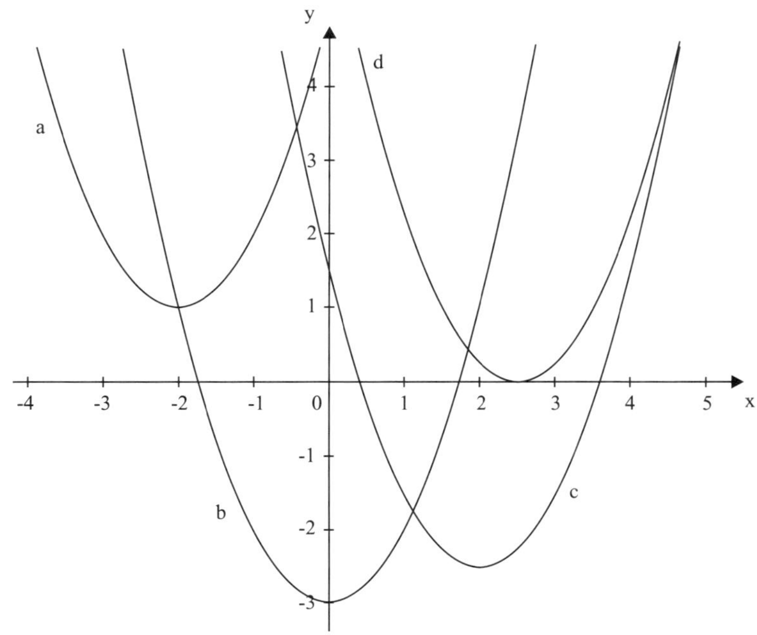

5. Stelle die Funktionen in einem Koordinatensystem graphisch dar, und bestimme die Nullstellen.

a) $y = x^2 + 7x + 12$ **b)** $y = x^2 - 5$

c) $y = x^2 - 2x - 3$ **d)** $y = x^2 - 2x + 3$

e) $y = x^2 - \frac{19}{4}x + \frac{17}{8}$ **f)** $y = 4x - 3$

6. Bestimme q, so daß die quadratische Funktion **keine** Nullstellen hat.

a) $y = x^2 - 3{,}5x + q$ **b)** $y = x^2 + 0{,}5x + q$

c) $y = x^2 + 10x + q$ **d)** $y = x^2 + q$

7. Die Parabel der quadratischen Funktion verläuft durch den angegebenen Punkt P. Ermittle p bzw. q.

a) $y = x^2 - 4x + q$; $P(2; -3)$ **b)** $y = x^2 + 2{,}5x + q$; $P(0; -1)$

c) $y = x^2 + px - 7$; $P(2; 5)$ **d)** $y = x^2 + px + 0{,}5$; $P(-4; 0)$

2. Quadratische Gleichungen

1. Zur Wiederholung

Weil das Berechnen von Quadratwurzeln beim Lösen von quadratischen Gleichungen benötigt wird, wiederholen wir einiges, was du noch aus dem Unterricht weißt.

Du hast dir sicher gemerkt, daß das Wurzelziehen (man sagt auch Radizieren) eine Umkehrrechenart (Umkehroperation) des Potenzierens ist.

Potenzieren	Wurzelziehen (Radizieren)
$3 \cdot 3 = 3^2 = 9$	$\sqrt[2]{3 \cdot 3} = \sqrt[2]{9} = 3$

Wir vereinbaren: Ist eine Quadratwurzel zu ziehen, lassen wir die 2 auf dem Wurzelzeichen weg: $\sqrt[2]{9} = \sqrt{9} = 3$.

Beim **Potenzieren** fragst du für unser Beispiel:
Welche Zahl erhalte ich, wenn ich 3 mit sich selbst multipliziere?
Antwort: Wenn ich 3 mit sich selbst multipliziere, erhalte ich die Zahl 9.
Beim **Wurzelziehen** fragst du für unser Beispiel:
Welche Zahl ergibt mit sich selbst multipliziert die Zahl 9?
Antwort: Die Zahl 3 ergibt mit sich selbst multipliziert 9, denn $3 \cdot 3 = 9$.
Es gibt aber noch eine zweite Zahl, die mit sich selbst multipliziert 9 ergibt. Diese erhält man aber nicht durch das Wurzelziehen, sondern durch Überlegung. Die zweite Zahl heißt -3, denn $(-3) \cdot (-3) = +9$. Also ist $(-3)^2 = 9$.
Du mußt deshalb für die Lösung der Gleichung $x^2 = 9$ zwei Lösungen angeben: 1. Lösung: $\underline{\underline{x_1 = +\sqrt{9} = 3}}$

2. Lösung: $\underline{\underline{x_2 = -\sqrt{9} = -3}}$

Übungen

1. Ermittle die Quadratwurzel durch Überlegung. Begründe dein Ergebnis.
Beispiel: $\sqrt{36} = 6$, denn $6^2 = 36$

a) $\sqrt{100} =$ ____, denn ____$^2 = 100$

b) $\sqrt{\frac{1}{4}} =$ ____, denn ____$^2 = \frac{1}{4}$

c) $\sqrt{45 + 4} =$ ____, denn ____$^2 =$ ____

d) $\sqrt{68 - 4} =$ ____, denn ____$^2 =$ ____

e) $\sqrt{\_\_\_\_} = 4$, denn ____$^2 =$ ____

f) $\sqrt{\_\_\_\_} = 9$, denn ____$^2 =$ ____

2. Berechne die Quadratwurzeln mit deinem Taschenrechner. Der Ablaufplan für das Beispiel $\sqrt{9}$ heißt:
9 [$\sqrt{\ }$] Anzeige: 3

a) $\sqrt{64}$ **b)** $\sqrt{225}$ **c)** $\sqrt{2{,}25}$ **d)** $\sqrt{0{,}0036}$
e) $\sqrt{1{,}304164}$ **f)** $\sqrt{2052{,}09}$ **g)** $\sqrt{0{,}000625}$ **h)** $\sqrt{0{,}0144}$
i) $\sqrt{290\,616{,}25}$ **j)** $\sqrt{361}$ **k)** $\sqrt{0}$ **l)** $\sqrt{1296}$
m) $\sqrt{1{,}5625}$ **n)** $\sqrt{-4}$

3. Vervollständige die Tabelle. Runde auf Hundertstel.

x	50	40	30	20	10	8	5	2
$\sqrt{x}$								

4. Berechne die Termwerte auf eine Stelle nach dem Komma.

a) $3{,}8 + \sqrt{6{,}25}$ **b)** $8{,}3 - \sqrt{1{,}69}$ **c)** $\frac{1}{2} - \sqrt{\left(\frac{1}{2}\right)^2 - 0{,}09}$

d) $5 + \sqrt{5^2 - (-24)}$ **e)** $0{,}6 - \sqrt{0{,}8}$ **f)** $259{,}83 + \sqrt{0{,}2}$

Ablaufplan für c: 1 [÷] 2 [=] [x^2] − [.] 09 [=] [$\sqrt{\ }$] [M⁻] 1 [÷] 2 [M⁺] [MR]
oder: [.] 5 [M⁺] [.] 5 [x^2] − [.] 09 [=] [$\sqrt{\ }$] [M⁻] [MR]

5. Berechne die Terme, und ordne sie dann der Größe nach. Trage in das Band die zugehörigen Buchstaben ein. Beginne mit dem Buchstaben für den kleinsten Wert.

$\sqrt{0{,}3}$	$\sqrt{3}$	$\sqrt{4 \cdot 9}$	$\sqrt{\frac{1}{2}}$	$-\sqrt{3}$	$\sqrt{0{,}81}$	$\sqrt{9} \cdot 4$	$\sqrt{\frac{1}{4}}$
S	H	I	I	D	S	G	A

$\sqrt{27:3-7}$	$\sqrt{\frac{1}{4}\cdot 100}$	$1+\sqrt{0{,}01}$	$\sqrt{1^2}$	$3-\sqrt{3{,}9}$
C	T	I	T	R

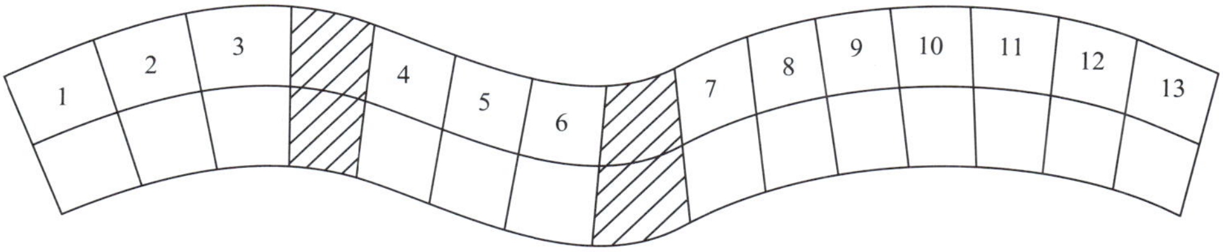

2. Die allgemeine Form der quadratischen Gleichung

1. Eine quadratische Funktion kann man graphisch darstellen. Das Bild einer solchen Funktion ist eine Parabel.
2. Schneidet die Parabel die x-Achse, so besitzt die Funktion Nullstellen.
3. An einer Nullstelle gilt $y = 0$, das heißt $y = f(x) = 0$.

In der folgenden Abbildung ist die Funktion $y = x^2 - 5x - 6$ graphisch dargestellt. Lies die Nullstellen dieser Funktion ab, und gib sie mit x_1 und x_2 an.

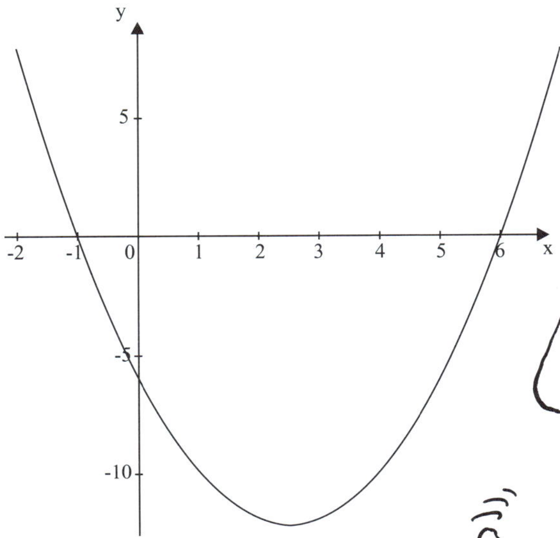

$x_1 =$ ______ ; $x_2 =$ ______

Das Bestimmen der Nullstellen x_1 und x_2 durch Ablesen der x-Werte ist ein ungenaues Verfahren. Die abgelesenen x-Werte hängen sehr stark von der Exaktheit beim Zeichnen der Parabel und der möglichen Ablesegenauigkeit ab. Deshalb ermittelt man die Nullstellen einer Funktion durch Berechnen.
Wir haben vereinbart, daß eine Funktion mit der Gleichung $y = f(x) = ax^2 + bx + c$ quadratische Funktion heißt (→ S. 15). Wenn wir in dieser Gleichung $y = 0$ setzen, erhalten wir die zugehörige quadratische Gleichung $0 = ax^2 + bx + c$ mit der Unbekannten x.

$0 = ax^2 + bx + c$ mit $a \neq 0$ heißt **allgemeine Form** einer quadratischen Gleichung.

- c → **absolutes Glied** der quadratischen Gleichung
- bx → **lineares Glied** der quadratischen Gleichung
- ax^2 → **quadratisches Glied** der quadratischen Gleichung

Diese allgemeine Form der quadratischen Gleichung läßt sich schwer lösen. Wir vereinfachen sie deshalb durch Umformungen.

allgemein	Beispiel
Beide Seiten der Gleichung werden durch a dividiert ($a \neq 0$).	Beide Seiten der Gleichung werden durch 3 dividiert.
$ax^2 + bx + c = 0 \quad \vert : a$	$3x^2 + 9x - 6 = 0 \quad \vert : 3$
$1 \cdot x^2 + \frac{b}{a}x + \frac{c}{a} = 0$	$1 \cdot x^2 + \frac{9}{3}x - \frac{6}{3} = 0$

p für $\frac{b}{a}$ und q für $\frac{c}{a}$ einsetzen. Die Zahl 1 vor dem x^2 kann man weglassen.

⇓	⇓
$x^2 + px + q = 0$	$x^2 + 3x - 2 = 0$

Diese Form der quadratischen Gleichung mit der Besonderheit, daß vor dem quadratischen Glied x^2 der Faktor 1 steht, heißt Normalform einer quadratischen Gleichung.

Quadratische Gleichungen in der Normalform lassen sich recht einfach lösen. Es ist deshalb notwendig, daß du aus der jeweils gegebenen Form der quadratischen Gleichung durch Umformen die Normalform herstellst. Erst diese kannst du dann lösen.

Beispielaufgabe
Wir wollen die quadratische Gleichung $3x^2 = 6x + 18$ in die Normalform umwandeln. Dazu wenden wir die Regeln für das Umformen von Gleichungen an.

$3x^2$	$= 6x + 18$	$\mid -6x$	Auf beiden Seiten der Gleichung 6x subtrahieren.
$3x^2 - 6x$	$= +18$	$\mid -18$	Auf beiden Seiten der Gleichung 18 subtrahieren.
$3x^2 - 6x - 18$	$= 0$	$\mid :3$	Beide Seiten der Gleichung durch 3 dividieren.
$x^2 - 2x - 6$	$= 0$		

Übungen
Forme die gegebenen Gleichungen in die Normalform einer quadratischen Gleichung um. Nutze die Binomischen Formeln.
Beachte: Oftmals mußt du die gegebene Gleichung zuerst in die allgemeine Form und dann in die Normalform umwandeln. Vergleiche mit dem Beispiel.

1. $2x^2 + 4x - 6 = 0 \quad \mid :2$

$\underline{\qquad} + 2x - \underline{\qquad} = 0$

2. a) $0{,}5x^2 + x = 1{,}5 \quad \mid - \underline{\qquad}$

$0{,}5x^2 + x - 1{,}5 = 0 \quad \mid : \underline{\qquad}$

$x^2 + \underline{\qquad} - \underline{\qquad} = 0$

b) $\frac{1}{4}x^2 = 4x - 16 \quad \mid -4x$

$\frac{1}{4}x^2 \underline{\qquad} = -16 \quad \mid \underline{\qquad}$

$\frac{1}{4}x^2 \underline{\qquad} + 16 = 0 \quad \mid \cdot 4$

$x^2 \underline{\qquad\qquad} = 0$

3. a) $7x^2 = 28x + 14$ **b)** $20x^2 + x = 12$
c) $3 \cdot (1 - u) = u^2 + 2$ **d)** $(x - 1)^2 = 49$
e) $\frac{8x^2 + 3}{2} = 2x^2 - 5$ **f)** $\frac{1}{3}x^2 - \frac{1}{3}x = -3$

3. Die reinquadratische Gleichung $x^2 + q = 0$

Immer dann, wenn in der Normalform der quadratischen Gleichung das lineare Glied $p \cdot x$ fehlt, nennt man eine solche Gleichung **reinquadratische Gleichung**: $x^2 + q = 0$.

Solche quadratischen Gleichungen können zwei Lösungen haben, da das Quadrat einer negativen Zahl gleich dem Quadrat der entsprechenden positiven Zahl ist, zum Beispiel: $(-3)^2 = 9$ und $(+3)^2 = 9$.

$x^2 = 9$ ist die reinquadratische Gleichung.

Die beiden Lösungen sind: $x_1 = +\sqrt{9} = +3$ und $x_2 = -\sqrt{9} = -3$.

Allgemein wird die Tatsache, daß eine rein quadratische Gleichung zwei Lösungen hat, so ausgedrückt:

!

$x^2 = b$	reinquadratische Gleichung
$x_1 = +\sqrt{b}$	1. Lösung
$x_2 = -\sqrt{b}$	2. Lösung

Beispielaufgabe

$x^2 - 16 = 0 \quad \mid +16$	Auf beiden Seiten 16 addieren.
$x^2 = 16$	Wurzelziehen und beide Lösungen angeben.
$x = \pm\sqrt{16}$	
$x_1 = +4$ und $x_2 = -4$	

Die Lösungsmenge heißt: $L = \{-4; +4\}$.

Übungen

Ermittle die Lösungen der quadratischen Gleichungen.

1. $x^2 - 121 = 0 \quad | + \square$

$x^2 = 121$

$x_{1/2} = \pm\sqrt{\square}$

$x_1 =$ ______

$x_2 =$ ______ $\quad L = \{ \_\_\_ ; \_\_\_ \}$

2. $10 \cdot a^2 + 5 = 815 \quad | - 5$

$10 \cdot a^2 = \square \quad | : \square$

$a^2 = \square$

$a_{1/2} = \pm\sqrt{\square}$

$a_1 =$ ______

$a_2 =$ ______ $\quad L = \{ \_\_\_ ; \_\_\_ \}$

3. $-2m^2 + 6 = -66 \quad | - \square$

$-2m^2 = \square \quad | : \square$

$m^2 = \square$

$m_{1/2} = \pm\sqrt{\square}$

$m_1 =$ ______

$m_2 =$ ______ $\quad L = \{ \_\_\_ ; \_\_\_ \}$

4. $-y^2 + 19 = -30 \quad | - \square$

$-y^2 = \square \quad | \cdot (-1)$

$y^2 = \square$

$y_{1/2} = \pm\sqrt{\square}$

$y_1 =$ ______

$y_2 =$ ______ $\quad L = \{ \_\_\_ ; \_\_\_ \}$

5. **a)** $x^2 - 100 = 0$ **b)** $7x^2 = 63$
c) $-x^2 + 1{,}21 = 0$ **d)** $-x^2 + 5 = 0$

6. **a)** $2x^2 - \frac{1}{2} = 0$ **b)** $a^2 + 0{,}25 = 0$
c) $y^2 - \sqrt{81} = 0$ **d)** $-z^2 + 3 = 0$

7. **a)** $0{,}1\,m^2 = 3{,}6$ **b)** $20{,}6 = 1 + 4{,}9c^2$
c) $y^2 - \sqrt{81} = 9$ **d)** $9t^2 = (999 - 9 \cdot 11) : 900$

8. **a)** $x^2 = 2$ **b)** $x^2 = \sqrt{2}$
c) $x^2 = 2 - \sqrt{2}$ **d)** $x^2 = \sqrt{2} - 2$

Nicht jede reinquadratische Gleichung ist in dem dir bekannten Zahlenbereich lösbar.

Beispielaufgabe

$$15x^2 + 1500 = 0 \quad | -1500$$
$$15x^2 = -1500 \quad | :15$$
$$x^2 = -100 \quad | \pm\sqrt{\ }$$
$$\underline{\underline{x_{1/2} = \pm\sqrt{-100}}}$$

Aus einer negativen Zahl kannst du im Bereich der reellen Zahlen keine Quadratwurzel ziehen. Immer wenn das der Fall ist, dann besitzt die Gleichung in diesem Zahlenbereich keine Lösung.

Beispielaufgaben

$$-2g^2 + 20 = 64 \quad | - \underline{\qquad}$$
$$-2g^2 = \underline{\qquad} \quad | :(-2)$$
$$g^2 = \underline{\qquad} \quad | \pm\sqrt{\ }$$
$$\underline{\underline{g_{1/2} = \pm\sqrt{\underline{\qquad}}}} \longrightarrow \underline{\qquad} \text{ Lösung!}$$

$$6d^2 = -120 \quad | : \underline{\qquad}$$
$$d^2 = \underline{\qquad} \quad | \pm\sqrt{\ }$$
$$\underline{\underline{d_{1/2} = \pm\sqrt{\underline{\qquad}}}} \longrightarrow \underline{\qquad} \text{ Lösung!}$$

4. Die gemischtquadratische Gleichung $x^2 + px = 0$

Quadratische Gleichungen, in denen neben dem quadratischen Glied nur das lineare Glied px auftritt, nennen wir **gemischtquadratische Gleichungen**. Die allgemeine Form einer solchen Gleichung heißt:

$$\underbrace{x^2}_{\text{quadratisches Glied}} + \underbrace{px}_{\text{lineares Glied}} = 0$$

Gemischtquadratische Gleichungen haben kein Absolutglied q.

Die quadratische Gleichung $x^2 + 3x = 0$ ist ein Beispiel für eine gemischtquadratische Gleichung. Im quadratischen und im linearen Glied dieser Gleichung ist der gemeinsame Faktor x enthalten. Diesen Faktor können wir ausklammern und erhalten: $x \cdot (x + 3) = 0$.
Die rechte Seite dieser Gleichung ist Null. Die linke Seite der Gleichung wird dann Null, wenn wenigstens einer der beiden Faktoren Null ist. Diese Tatsache nutzen wir für das Lösen der Gleichung.
Wir setzen jeden Faktor der Gleichung Null und stellen die Gleichung nach x um.

Beispielaufgabe

Gleichung: $x^2 + 3x = 0$

x ausklammern: $x \cdot (x + 3) = 0$

1. Faktor: x 2. Faktor: $(x + 3)$

Faktoren gleich Null setzen: $x = 0$ $x + 3 = 0$

nach x umstellen: $x + 3 = 0 \quad | -3$

$x = -3$

Lösungen angeben: $x_1 = 0$ $x_2 = -3$

Lösungsmenge: $L = \{-3; 0\}$ oder $L = \{0; -3\}$

Beim Angeben der Lösungsmenge ist es üblich, die Elemente (Zahlen) geordnet nach ihrer Größe anzugeben. Man beginnt immer mit der kleinsten Zahl. Dabei muß nicht die Reihenfolge $x_1; x_2$ entstehen, sondern auch $x_2; x_1$ ist als Reihenfolge möglich.
$x_1 = 0$ und $x_2 = -3$ sind Lösungen der gemischtquadratischen Gleichung $x^2 + 3x = 0$. Wenn du diese Lösungen in die Gleichung einsetzt, erhältst du eine wahre Aussage. Man sagt auch: Die Lösungen erfüllen die Gleichung. Wir setzen ein:

$x_1 = 0$ in $x^2 + 3 \cdot x = 0$

$0^2 + 3 \cdot 0 = 0$

$0 + 0 = 0$ (wahre Aussage)

$x_2 = -3$ in $x^2 + 3 \cdot x = 0$

$(-3)^2 + 3 \cdot (-3) = 0$

$9 - 9 = 0$ (wahre Aussage)

Wenn vor dem quadratischen Glied ein Faktor steht, mußt du die Gleichung erst so umformen, daß dieser Faktor verschwindet und du die Normalform der gemischtquadratischen Gleichung erhältst. Nur diese kannst du mit Hilfe der Faktorenzerlegung lösen.

Beispielaufgabe

$3x^2 - 12x - 6 = -6 \quad | +6$

$3x^2 - 12x = 0 \quad | : 3$

$x^2 - 4x = 0$ Normalform der gemischtquadratischen Gleichung

Diese Gleichung kannst du nun mit Hilfe der Faktorenzerlegung lösen.

x ausklammern: $x \cdot (x - 4) = 0$

Faktoren gleich Null setzen: $x = 0$ $\quad x - 4 = 0$

nach x umstellen: $x - 4 = 0 \quad | +4$

$x = +4$

Lösungen angeben: $x_1 = 0$ $\quad x_2 = 4$

Lösungsmenge: $L = \{0; 4\}$

Probe: x_1 und x_2 nacheinander in die Ausgangsgleichung einsetzen.

$x_1 = 0$ in $3x^2 - 12x - 6 = -6$

$3 \cdot 0^2 - 12 \cdot 0 - 6 = -6$

$0 - 0 - 6 = -6$

$-6 = -6$ (wahre Aussage)

$x_2 = 4$ in $3x^2 - 12x - 6 = -6$

$3 \cdot 4^2 - 12 \cdot 4 - 6 = -6$

$48 - 48 - 6 = -6$

$-6 = -6$ (wahre Aussage)

Beide Lösungen erfüllen die Ausgangsgleichung und sind deshalb richtig.

Übungen

Ergänze die fehlenden Angaben.

1. $21 - \frac{3}{4} \cdot x - 6 = 0{,}5 \cdot x^2 + 15 \quad | \;\_\_\_\_\_\_$

$15 - \frac{3}{4} \cdot x = 0{,}5 \cdot x^2 + 15 \quad | -\square$

$-\frac{3}{4} \cdot x = 0{,}5 \cdot x^2 \quad | +\frac{3}{4} \cdot x$

$0 = 0{,}5 \cdot x^2 + \frac{3}{4} \cdot x \quad |$ Seiten vertauschen!

$\square + \square = 0 \quad | :0{,}5$

$\square + \square = 0 \quad |$ x ausklammern!

$x \cdot (\square + \square) = 0$

$x = 0 \qquad \square + \square = 0 \quad |$ Nach x umstellen!

$\square = \square$

$x_1 = 0 \qquad x_2 = \square$

$L = \{\square ; \square\}$

Probe: x_1 und x_2 in die Ausgangsgleichung einsetzen.

$x_1 = 0$: $21 - \frac{3}{4} \cdot \square - 6 = 0{,}5 \cdot \square^2 + 15$

$21 - \square - 6 = \square + 15$

$\_\_\_\_\_\_ = \_\_\_\_\_\_$

$x_2 = \square$: $21 - \frac{3}{4} \cdot \square - 6 = 0{,}5 \cdot \square^2 + 15$

$21 - \square - 6 = \square + 15$

$\_\_\_\_\_\_ = \_\_\_\_\_\_$

Wenn beide Lösungen die Ausgangsgleichung erfüllen, dann sind die Lösungen richtig (wahr).

2. $0 = 8 \cdot a^2 - 4 \cdot a \qquad | : \square$

$0 = \square - \square \qquad |$ Ausklammern!

$0 = \square \cdot (\square - \square)$

$a = 0 \qquad \square - \square = 0 \qquad |$ Nach a umstellen!

$\square = \square$

$a_1 = \square \qquad a_2 = \square$

$L = \{\square ; \square\}$

Probe: a_1 und a_2 in die Ausgangsgleichung einsetzen.

$a_1 = \square: \quad 0 = 8 \cdot \square^2 - 4 \cdot \square$

$0 = \square - \square$

$0 = \square$

$a_2 = \square: \quad 0 = 8 \cdot \square^2 - 4 \cdot \square$

$0 = \square - \square$

$0 = \square$

Erfüllen beide Lösungen die Gleichung, dann sind sie richtig (wahr).

Wenn du dir die Lösungen der Beispielaufgaben und der Übungsaufgaben nochmals anschaust, dann stellst du sicher fest, daß alle Gleichungen eine Lösung gemeinsam haben, nämlich die Lösung $x_1 = 0$.
Eine zweite Besonderheit ist, daß die Lösung x_2 immer dem negativen Wert des Faktors p entspricht. Vergleiche hierzu nochmals die Zusammenstellung in der Tabelle.

Gleichung der Form $x^2 + p \cdot x = 0$	Wert von p	Lösungen
$x^2 - 4 \cdot x = 0$	-4	0 und 4
$x^2 + 1{,}5 \cdot x = 0$	1,5	0 und $-1{,}5$
$a^2 - \frac{1}{2} \cdot a = 0$	$-\frac{1}{2}$	0 und $\frac{1}{2}$

Die Lösungen einer gemischtquadratischen Gleichung lassen sich ganz einfach bestimmen, wenn du die Normalform dieser Gleichung herstellst und dir merkst:

> In der gemischtquadratischen Gleichung der Form: $x^2 + px = 0$ heißen die beiden Lösungen immer: $x_1 = 0$ und $x_2 = -p$.

Übung

Ermittle die Lösungen der gemischtquadratischen Gleichungen, und gib die Lösungsmenge an.

3. a) $m^2 - 0{,}6\,m = 0$ **b)** $11x + x^2 = 0$
c) $2b^2 - 2b = 0$ **d)** $k^2 = 2k$
e) $7b^2 + 3b = 0$ **f)** $13z = 8z^2$
g) $14x^2 - \frac{7}{4}x = 0$ **h)** $3x^2 + 6x = 0$

5. Das Lösen von quadratischen Gleichungen der Form $x^2 + px + q = 0$

Wir bilden quadratische Ergänzungen. Ein dreigliedriger Ausdruck wie z. B. $x^2 + 6x + 9$ wird dann vollständiges Quadrat genannt, wenn du ihn unter Anwendung der binomischen Formeln als Binom schreiben kannst.

Beispielaufgabe

$x^2 + 6x + 9$

$$\underbrace{x^2 + 2 \cdot 3 \cdot x + 3^2}_{(x+3)^2} \longleftrightarrow \underbrace{a^2 + 2 \cdot a \cdot b + b^2}_{(a+b)^2}$$

$$(x + 3)^2 \longleftrightarrow (a + b)^2$$

Die Terme $x^2 + 8x$ und $x^2 + px$ sind dagegen noch keine vollständigen Quadrate. Mit Hilfe der quadratischen Ergänzung können wir sie aber in vollständige Quadrate umwandeln. Die folgende Übersicht zeigt dir die Schrittfolge.

Wir betrachten die Terme $x^2 + 8x$ und $x^2 + px$.

Schrittfolge	$x^2 + 8x$	$x^2 + px$
1. Suche das lineare Glied.	$8x$	px
2. Lies den Koeffizienten (Faktor bei x) ab.	8	p
3. Halbiere den Koeffizienten (bilde die Hälfte des Faktors bei x).	$\frac{8}{2}$ bzw. 4	$\frac{p}{2}$
4. Bilde das Quadrat des halben Koeffizienten (ist gleich der quadratischen Ergänzung).	$4^2 = 16$	$\left(\frac{p}{2}\right)^2$
5. Addiere die quadratische Ergänzung und subtrahiere sie gleich wieder.	$x^2 + 8x + 16 - 16$	$x^2 + px + \left(\frac{p}{2}\right)^2 - \left(\frac{p}{2}\right)^2$
6. Wende die Binomische Formel an.	$(x + 4)^2 - 16$	$\left(x + \frac{p}{2}\right)^2 - \left(\frac{p}{2}\right)^2$

$x^2 + 8x + 16 - 16$

$(x + 4)^2 - 16$

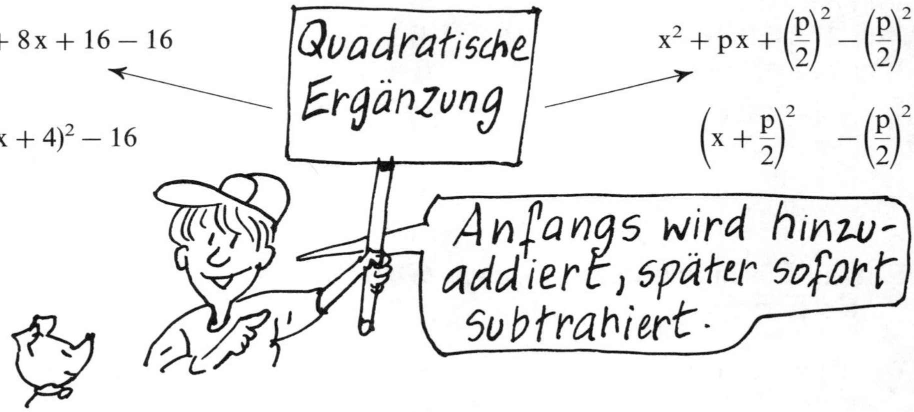

$x^2 + px + \left(\frac{p}{2}\right)^2 - \left(\frac{p}{2}\right)^2$

$\left(x + \frac{p}{2}\right)^2 - \left(\frac{p}{2}\right)^2$

Übungen

Bestimme die quadratische Ergänzung. Schreibe als vollständiges Quadrat.

1. Der gegebene Term heißt: $u^2 - 10u$

Das lineare Glied heißt $-10u$. Der Koeffizient des linearen Gliedes heißt

_____. Die Hälfte des Koeffizienten ist _____.

Das Quadrat der Hälfte des Koeffizienten beträgt 25.

Die quadratische Ergänzung zu $u^2 - 10u$ heißt 25.

Das vollständige Quadrat heißt: $u^2 - 10u + 25 - 25$

$$= u^2 - 10u + 5^2 - 5^2$$

$$= (u - 5)^2 - 5^2$$

2. Der gegebene Term heißt: $m^2 + 5m$

lineares Glied: ____

Koeffizient des linearen Gliedes: ____

Hälfte des Koeffizienten: ____

quadratische Ergänzung: ____

Das vollständige Quadrat heißt: $m^2 + 5m + \underline{\quad} - \underline{\quad}$

$= m^2 + 5m + \underline{\quad}^2 - \underline{\quad}^2$

$= (m + \underline{\quad})^2 - \underline{\quad}^2$

3. **a)** $a^2 + 20a$ **b)** $y^2 - 5y$ **c)** $3n + n^2$

d) $9z + z^2$ **e)** $g^2 + g$ **f)** $f^2 - 0{,}5f$

g) $y^2 - \frac{1}{4}y$ **h)** $0{,}4p + p^2$ **i)** $r^2 - 2{,}4r$

Wir lösen quadratische Gleichungen der Form $x^2 + px + q = 0$

Quadratische Gleichungen der Form $x^2 + px + q = 0$ kannst du unter Nutzung deiner Kenntnisse über das Lösen von reinquadratischen Gleichungen der Gestalt $x^2 - q = 0$ recht einfach lösen. Dazu ist es notwendig, daß du dein Wissen über die quadratische Ergänzung und die Binomischen Formeln beim Umformen der Gleichung anwendest.

Beispielaufgaben

a) Wir ermitteln die Lösungen der Gleichung $x^2 - 6x + 5 = 0$.

1. Schritt: Gleichung in die Form $(x \pm \square)^2 = \Delta$ bringen.

$x^2 - 6x + 5 = 0 \quad | -5$

$x^2 - 6x = -5 \quad$ |quadratische Ergänzung bilden

$x^2 - 6x + 3^2 - 3^2 = -5 \quad | +3^2$

$x^2 - 6x + 3^2 = \underbrace{-5 + 3^2}$ |als Binom schreiben, zusammenfassen

|entspricht der gesuchten Form

$(x - 3)^2 = +4$

$(x \pm \square)^2 = \Delta$

2. Schritt: Lösen der Gleichung.

Alle Gleichungen der Form $(x \pm \square)^2 = \Delta$ kannst du mit Hilfe des Vorgehens bei reinquadratischen Gleichungen (z. B. $x^2 = b$) lösen. Für die Gleichung $x^2 = b$ heißen die Lösungen:

$x_1 = +\sqrt{b}$ und $x_2 = -\sqrt{b}$.

In unserem Beispiel $(x-3)^2 = 4$ wird allerdings nicht nur x quadriert, sondern der gesamte Klammerausdruck $(x-3)$. Damit ergibt sich als

1. Lösung:

$$(x-3) = +\sqrt{4}$$
$$x-3 = +2 \quad |+3$$
$$x = +5$$
$$\downarrow$$
$$x_1 = +5$$

2. Lösung:

$$(x-3) = -\sqrt{4}$$
$$x-3 = -2 \quad |+3$$
$$x = +1$$
$$\downarrow$$
$$x_2 = +1$$

Die quadratische Gleichung $(x-3)^2 = 4$ hat somit die beiden Lösungen $x_1 = +5$ und $x_2 = +1$.

3. Schritt: Probe zum Überprüfen der Ergebnisse durchführen.
Bei der Probe mußt du immer von der Ausgangsgleichung ausgehen, in die du nacheinander die beiden Lösungen einsetzt.
Du hast die Lösungen dann richtig bestimmt, wenn beide die Gleichung erfüllen.

Ausgangsgleichung:	$x^2 - 6x + 5 = 0$
$x_1 = 5$ einsetzen:	$5^2 - 6 \cdot 5 + 5 = 0$
Zusammenfassen:	$25 - 30 + 5 = 0$
	$0 = 0$
$x_2 = 1$ einsetzen:	$1^2 - 6 \cdot 1 + 5 = 0$
Zusammenfassen:	$1 - 6 + 5 = 0$
	$0 = 0$

4. Schritt: Lösungsmenge angeben.
Die Gleichung $x^2 - 6x + 5 = 0$ hat die Lösungsmenge $L = \{1; 5\}$.

b) Berechne die Lösungen der quadratischen Gleichung
$x^2 - 11x + 10 = 0$.

1. Schritt: Die Form $(x \pm \square)^2 = \Delta$ herstellen.

$x^2 - 11x + 10$	$= 0$	$\mid -10$
$x^2 - 11x$	$= \underline{\qquad}$	|quadratische Ergänzung bilden
$x^2 - 11x + \underline{\qquad} - \underline{\qquad}$	$= -10$	$\mid + \underline{\qquad}$
$x^2 - 11x + \underline{\qquad}$	$= -10 + \underline{\qquad}$	|binomische Formel anwenden
$(x - 5{,}5)^2$	$= \underline{\qquad}$	

2. *Schritt:* Lösen der Gleichung $(x - 5{,}5)^2 = \underline{\qquad}$

1. Lösung

$(x - 5{,}5) = +\sqrt{20{,}25}$

$x - 5{,}5 = 4{,}5 \quad | + 5{,}5$

$\underline{\underline{x_1 = \underline{\qquad}}}$

2. Lösung:

$(x - \underline{\qquad}) = -\sqrt{20{,}25}$

$x - \underline{\qquad} = -4{,}5 \quad | + \underline{\qquad}$

$\underline{\underline{x_2 = \underline{\qquad}}}$

3. *Schritt:* Probe zur Überprüfung der Lösungen.
Ausgangsgleichung: $x^2 - 11x + 10 = 0$

$x_1 = \underline{\qquad}$ einsetzen: $\underline{\qquad}^2 - 11 \cdot \underline{\qquad} + 10 = 0$

Zusammenfassen: $\underline{\underline{\qquad} = 0}$

$x_2 = \underline{\qquad}$ einsetzen: $\underline{\qquad}^2 - 11 \cdot \underline{\qquad} + 10 = 0$

Zusammenfassen: $\underline{\underline{\qquad} = 0}$

4. *Schritt:* Lösungsmenge angeben.

$\underline{\underline{L = \{\underline{\qquad}\,;\,\underline{\qquad}\}}}$

6. Die Lösungsformel für quadratische Gleichungen

Damit du quadratische Gleichungen der Form $x^2 + px + q = 0$ möglichst schnell und einfach lösen kannst, gibt es eine Lösungsformel. Du findest sie in jeder Formelsammlung.

> Die Lösungsformel für quadratische Gleichungen der Form
> $x^2 + px + q = 0$ heißt: $x_{1/2} = -\frac{p}{2} \pm \sqrt{\frac{p^2}{4} - q}$.

Diese Lösungsformel darfst du aber nur dann anwenden, wenn die quadratische Gleichung in der Normalform vorliegt. Die Normalform erkennst du daran, daß

a) der Faktor vor dem quadratischen Glied 1 ist. und b) eine Seite der Gleichung 0 sein muß.

$$1 \cdot x^2 + px + q = 0$$

Den Faktor 1 vor x^2 kannst du auch weglassen ($x^2 + px + q = 0$).

Ist die Normalform hergestellt, benötigst du p und q, um mit der Lösungsformel zu arbeiten. Dabei mußt du besonders auf die Vorzeichen achten.

Nimm immer das vor p und q stehende Rechenzeichen als Vorzeichen für p und q.

Beispielaufgaben

a) $x^2 - \frac{3}{2}x + 4 = 0$

$p = -\frac{3}{2}$; $q = +4$

b) $x^2 - 0{,}25x - 0{,}5 = 0$

$p = -0{,}25$; $q = -0{,}5$

c) $x^2 + 2{,}5x - 1{,}5 = 0$

$p = +2{,}5$; $q = -1{,}5$

Übung

1. Bestimme den Faktor p und das Absolutglied q.

	Gleichung	p	q
a)	$x^2 + 9x + 0{,}5 = 0$		
b)	$m^2 - 4m - 5 = 0$		
c)	$f^2 + f - 0{,}75 = 0$		
d)	$0 = x^2 + 8x - 24$		
e)	$0 = y^2 + 2{,}2y + 3{,}3$		
f)	$n^2 - \frac{1}{5}n + \frac{3}{5} = 0$		
g)	$g^2 - 2{,}3\,g - 0{,}3 = 0$		

Nun können wir mit der Lösungsformel arbeiten. Für das Lösen quadratischer Gleichungen ist es günstig, eine bestimmte Schrittfolge einzuhalten:

1. Prüfen, ob die Normalform der quadratischen Gleichung vorliegt. Ist das nicht der Fall, wird die Normalform hergestellt.
2. Bestimmen von p und q.
3. Einsetzen von p und q in die Lösungsformel.
4. Berechnen von x_1 und x_2.
5. Überprüfen der Lösungen durch die Probe.
6. Angeben der Lösungsmenge.

An dem Beispiel $x^2 - 6x + 5 = 0$ erklären wir dir diese Vorgehensweise.

Schritte	Ausführung der Schritte
1. Prüfen, ob Normalform vorliegt.	$x^2 - 6x + 5 = 0$ Normalform liegt vor (→ S. 48).
2. Bestimmen von p und q.	$p = -6;\ q = 5$
3. Einsetzen von p und q in die Formel.	$x_{1/2} = -\frac{(-6)}{2} \pm \sqrt{\frac{(-6)^2}{4} - (+5)}$
4. Berechnen von x_1 und x_2.	$x_{1/2} = +3 \pm \sqrt{(+9) - 5}$ Achtung: Vorzeichenregel beachten $x_{1/2} = +3 \pm \sqrt{4}$ $x_{1/2} = +3 \pm 2$ $\underline{\underline{x_1 = +3 + 2 = 5}}$ $\underline{\underline{x_2 = +3 - 2 = 1}}$
5. Probe: $x_1 = 5$ in die Ausgangsgleichung einsetzen. $x_2 = 1$ in die Ausgangsgleichung einsetzen.	$5^2 - 6 \cdot 5 + 5 = 0$ $25 - 30 + 5 = 0$ $0 = 0$ $1^2 - 6 \cdot 1 + 5 = 0$ $1 - 6 + 5 = 0$ $0 = 0$
6. Angeben der Lösungsmenge.	$L = \{1; 5\}$

Übungen

2. Löse die quadratische Gleichung $0 = x^2 + 5x + 6$. Orientiere dich an der im Beispiel vorgegebenen Reihenfolge.

1. Die Normalform liegt bereits vor, denn die gegebene Gleichung entspricht der Form $x^2 + px + q = 0$.
2. $p = +5$ und $q = \underline{\qquad}$
3. $x_{1/2} = -\frac{5}{2} \pm \sqrt{\frac{\underline{\qquad}}{4} - \underline{\qquad}}$
4. $x_{1/2} = -\underline{\qquad} \pm \sqrt{\frac{25}{4} - 6} = \underline{\qquad} \pm \sqrt{\underline{\qquad\qquad}}$

   $x_{1/2} = -\frac{5}{2} \pm \frac{1}{2}$

   $x_1 = \underline{\qquad} + \underline{\qquad} = \underline{\qquad}$

   $x_2 = \underline{\qquad} - \underline{\qquad} = \underline{\qquad}$

5. mit x_1: $(-2)^2 + 5 \cdot (-2) + 6 = 0$

$\_\_\_ + \_\_\_ + 6 = 0$

$\_\_\_ = 0$

mit x_2: $\_\_\_^2 + 5 \cdot \_\_\_ + 6 = 0$

$\_\_\_ + \_\_\_ + \_\_\_ = 0$

$\_\_\_ = 0$

6. $\underline{\underline{L = \{-3; -2\}}}$

3. Gegeben ist die quadratische Gleichung $x^2 + 5x - 14 = 0$.
Ermittle die Lösungsmenge L. Beginne gleich mit dem 2. Schritt.

2. $p = \_\_\_$ und $q = -14$

3. $x_{1/2} = \_\_\_ \pm \sqrt{\_\_\_ - (\_\_\_)}$

4. $x_{1/2} = \_\_\_ \pm \sqrt{\_\_\_} = \_\_\_ \pm \sqrt{\_\_\_}$

$x_{1/2} = -\frac{5}{2} \pm \frac{9}{2}$

$x_1 = \_\_\_ = \_\_\_$

$x_2 = \_\_\_ = \_\_\_$

5. mit x_1: $2^2 + 5 \cdot \_\_\_ - \_\_\_ = 0$

$\_\_\_ + \_\_\_ - 14 = 0$

$\_\_\_ = 0$

mit x_2: $\_\_\_^2 + 5 \cdot \_\_\_ - 14 = 0$

$\_\_\_ + \_\_\_ - \_\_\_ = 0$

$\_\_\_ = 0$

6. $\underline{\underline{L = \{\_\_\_; \_\_\_\}}}$

4. Es gibt aber auch viele Gleichungen, deren Lösungen nicht mehr im Bereich der rationalen Zahlen liegen.

Hier ein Beispiel: $x^2 - 6x + 4 = 0$
Führe die Schritte 2 und 3 selbständig aus!

2. $p =$ ____ ; $q =$ ____
3. $x_{1/2} =$ ____ $\pm \sqrt{\quad\quad}$
4. $x_{1/2} = 3 \pm \sqrt{9 - 4}$
   $= 3 \pm \sqrt{5}$

   $\sqrt{5}$ ist weder ganzzahlig noch rational. Man könnte jedoch mit einem Näherungswert weiterrechnen, z. B. $\sqrt{5} \approx 2{,}236$.

   $x_1 = 3 + \sqrt{5} \approx 5{,}236$
   $x_2 = 3 - \sqrt{5} \approx 0{,}764$
5. Wir führen die Probe mit den exakten Werten aus, nicht mit den gerundeten Beträgen.

   mit x_1: $(3 + \sqrt{5})^2 - 6 \cdot (3 + \sqrt{5}) + 4 = 0$
   $9 + 6 \cdot \sqrt{5} + 5 - 18 - 6 \cdot \sqrt{5} + 4 = 0$
   $0 = 0$

   mit x_2: $(3 - \sqrt{5})^2 - 6 \cdot (3 - \sqrt{5}) + 4 = 0$
   $9 - 6 \cdot \sqrt{5} + 5 - 18 + 6 \cdot \sqrt{5} + 4 = 0$
   $0 = 0$
6. $L = \{3 + \sqrt{5}; 3 - \sqrt{5}\}$

Die Lösung der Gleichung $x^2 - 14x + 49 = 0$ hat eine Besonderheit: x_1 und x_2 sind gleich ($x_1 = x_2$). Wir überprüfen das. Rechne in verkürzter Form.

$x^2 - 14x + 49 = 0$
$x_{1/2} = +7 \pm \sqrt{49 - 49}$
$x_{1/2} = +7 \pm \sqrt{\quad}$

$x_1 =$ ____ ; $x_2 =$ ____
$x_1 = x_2$
$L = \{7\}$

Eine weitere Besonderheit bei der Lösung einer quadratischen Gleichung kann auftreten, wenn in der Lösungsformel unter der Wurzel eine negative Zahl steht.

Beispielaufgabe

$x^2 + 18x + 90 = 0$
$x_{1/2} = -9 \pm \sqrt{81 - 90}$
$x_{1/2} = -9 \pm \sqrt{-9}$

Die Quadratwurzel aus einer negativen Zahl kannst du nicht ziehen. Also existiert keine Lösung. Man schreibt in einem solchen Fall für die Lösungsmenge L: $L = \varnothing$ oder $L = \{\ \}$. Beide Schreibweisen gelten als Symbol für die leere Menge.

Übungen

Gib für alle nachfolgenden Aufgaben die Lösungen der quadratischen Gleichungen an. Du findest bei jeder Aufgabe noch einen Hinweis.

5. Hier kannst du die Lösungsformel sofort anwenden.

a) $x^2 + 6x - 55 = 0$ **b)** $x^2 - 3{,}6x + 1{,}28 = 0$
c) $x^2 + 6x + 5 = 0$ **d)** $x^2 - 5{,}5x + 7{,}5 = 0$
e) $x^2 - 33x + 272 = 0$ **f)** $x^2 + \frac{1}{5}x - 2{,}55 = 0$

6. Diese quadratischen Gleichungen mußt du erst in die Normalform bringen. Die Variable muß nicht immer x sein.

a) $x^2 - 4x = 5$ **b)** $y^2 - 90 = y$
c) $161 = 16a + a^2$ **d)** $x^2 = 3x - 1{,}25$
e) $20m = -m^2 - 19$ **f)** $3{,}8z - z^2 = -6$

7. Die Lösungen sind irrationale Zahlen.

a) $x^2 - 8x + 10 = 0$ **b)** $x^2 - 6x + 4 = 0$

8. Gleichungen in besonderer Form oder mit besonderen Lösungen.

a) $a^2 - 9 = 0$ **b)** $f^2 + 3f + 4 = 0$ **c)** $b^2 = 2{,}25$
d) $g^2 - 6g + 9 = 0$ **e)** $c^2 + 5c = 0$ **f)** $h^2 + 4h + 4 = 0$
g) $d^2 = 1{,}5d$ **h)** $i^2 + 2{,}25 = 3i$ **i)** $2e = e^2$

7. Die allgemeine Form der quadratischen Gleichung

Formen der quadratischen Gleichung

Die reinquadratische Gleichung:	$x^2 + q = 0$
Die gemischtquadratische Gleichung:	$x^2 + px = 0$
Die Normalform der quadratischen Gleichung:	$x^2 + px + q = 0$
Die allgemeine Form der quadratischen Gleichung:	$ax^2 + bx + c = 0$

Bisher hatten wir immer solche quadratischen Gleichungen gelöst, bei denen vor dem x^2 der Faktor 1 stand (1 wird aber nicht mitgeschrieben). Es gibt jedoch auch Gleichungen, bei denen vor dem x^2 ein Faktor steht, der größer oder kleiner als 1 und nicht Null ist. Beispiele hierfür wären:

$$3x^2 + 15x + 18 = 0,$$

$$\frac{1}{3}x^2 + 7x + 0{,}5 = 0,$$

$$0{,}3x^2 + 5x + 2{,}1 = 0.$$

Man sagt, diese quadratischen Gleichungen haben die allgemeine Form. Für sie wurde als Schreibweise vereinbart:

$$ax^2 + bx + c = 0 \quad \text{mit} \quad a \neq 0$$

Eine quadratische Gleichung in der allgemeinen Form kannst du nicht sofort mit der Lösungsformel lösen. Du mußt sie erst in die Normalform umwandeln.

Beispielaufgabe

allgemeine Form: $3x^2 + 15x + 18 = 0 \quad |:3$

Normalform: $x^2 + 5x + 6 = 0$

Erst jetzt kannst du p und q bestimmen ($p = 5$ und $q = 6$) und diese Werte in die Lösungsformel einsetzen.

Übungen

Löse die gegebenen quadratischen Gleichungen. Denke daran, daß du zur Anwendung der Lösungsformel die Form $x^2 + px + q = 0$ benötigst.

1. a) $2x^2 - 3x - 2 = 0$ **b)** $10x^2 + 0{,}5x - 6 = 0$

c) $\frac{1}{2}x^2 + 3x + 4 = 0$ **d)** $3x^2 - 18x + 15 = 0$

e) $0{,}25x^2 + 2x + 4 = 0$ **f)** $0{,}1x^2 - 2x - 30 = 0$

2. a) $x^2 - 6{,}5x = -9$ **b)** $4x^2 + 14x = 8$

c) $112 = 4x^2 + 12x$ **d)** $5x^2 - 75 = -10x$

e) $6x^2 + 26{,}25 = 25{,}5x$ **f)** $400x^2 = 14000 - 800x$

8. Die Lösbarkeit einer quadratischen Gleichung

Im Abschnitt 6 hatten wir mit den Übungsaufgaben 2 und 3 (→ S. 63/64) solche quadratische Gleichungen ausgewählt, die zwei Lösungen besitzen. Die Beispielaufgabe auf Seite 65 hatte eine bzw. keine Lösung.

Wir zeigen dir, wie du schnell ermitteln kannst, ob eine gegebene quadratische Gleichung überhaupt Lösungen besitzt (lösbar ist). Wenn sie Lösungen besitzt, läßt sich auch angeben, ob es eine ist oder zwei sind.

Für die Beispielaufgaben auf den Seiten 63–65 stellen wir in einer Übersicht folgendes zusammen:

Gleichung	$\left(\frac{p}{2}\right)^2 - q$	Lösungen
$x^2 + 5 \cdot x + 6 = 0$	$\frac{1}{4}$ bzw. 0,25	−3 und −2
$x^2 + 5 \cdot x - 14 = 0$	$\frac{89}{4}$ bzw. 22,25	−7 und 2
$x^2 - 14 \cdot x + 49 = 0$	0	7
$x^2 + 18 \cdot x + 90 = 0$	−9	keine

Dieser Term $\frac{p^2}{4} - q$ bzw. $\left(\frac{p}{2}\right)^2 - q$ ist dir unter dem Namen **Diskriminante D** bekannt. Wir stellen jetzt einen Zusammenhang zwischen der Diskriminante und der Anzahl der Lösungen der quadratischen Gleichung her.
Du erkennst: Ist **D > 0**, so existieren zwei Lösungen. Wenn **D = 0** ist, dann gibt es genau eine Lösung. Im Falle **D < 0** gibt es keine Lösung.

> Die Lösbarkeit einer quadratischen Gleichung und die Anzahl der Lösungen (zwei, eine oder keine) hängt von der Diskriminante D ab. Das ist in der Lösungsformel der Wert unter der Wurzel (der Radikand).
> $D > 0 \longrightarrow$ 2 Lösungen
> $D = 0 \longrightarrow$ 1 Lösung
> $D < 0 \longrightarrow$ keine Lösung

Eine weitere Kontrollmöglichkeit für die Überprüfung der Richtigkeit der Lösungen quadratischer Gleichungen sei dir noch genannt.

> (1) $x_1 + x_2 = -p$
> (2) $x_1 \cdot x_2 = q$

In der Mathematik sind diese Beziehungen auch unter dem Namen Satz von VIETA[1] bekannt.
Wir nutzen jetzt diese zwei Gleichungen, um Lösungen von quadratischen Gleichungen auf ihre Richtigkeit zu überprüfen.

[1] François Vieta, französischer Mathematiker, lebte von 1540 – 1603

Beispielaufgabe

Nehmen wir an, wir hätten soeben mit der Lösungsformel für die quadratische Gleichung $x^2 + 3x - 10 = 0$ die Lösungen $x_1 = -5$ und $x_2 = 2$ erhalten. Zur Kontrolle der Ergebnisse setzen wir nun beide Lösungen in die Gleichungen (1) und (2) ein:

(1) $x_1 + x_2 = (-5) + 2 = -3$
Der Koeffizient p des linearen Gliedes ist $+3$.
Der berechnete Wert -3 besitzt das umgekehrte Vorzeichen von p. Die Lösung wurde bestätigt.

(2) $x_1 \cdot x_2 = (-5) \cdot 2 = -10$
Dieser berechnete Wert -10 stimmt mit dem Absolutglied $q = -10$ überein. Die Lösung wurde ebenfalls bestätigt.

Beide Teile des Satzes von VIETA sind erfüllt; -5 und 2 sind daher die Lösungen der gegebenen Gleichung.

Wir überprüfen gemeinsam:

a) Mirco hat von seinem Banknachbarn Eric die Zahlen -1 und 3 als Lösungen der Gleichung $x^2 + 2x - 3 = 0$ erhalten. Sind das wirklich die Lösungen?

(1) $x_1 + x_2 = -1 +$ ______ $= 2$

Der Koeffizient p des ____________________ heißt ______. Der berechnete Wert 2 besitzt das ____________ Vorzeichen von p. Die Lösung wurde nicht bestätigt.

(2) ______ · ______ = ______ · 3 = ______

Berechneter Wert: -3; q = ______.

Beide Werte ____________________. Die Lösung wurde ____________.

Teil (1) wurde ________ erfüllt, Teil (2) wurde ________.

Zwei Zahlen x_1 und x_2 sind aber nur dann Lösungen einer quadratischen Gleichung, wenn sie durch beide Teile des Satzes von VIETA bestätigt werden.

Die Zahlen -1 und 3 sind ____________________ der gegebenen Gleichung.

b) Gleichung: $x^2 - 22x - 320 = 0$
Lösungen: $x_1 = -10$; $x_2 = 32$

(1) $x_1 + x_2 =$ ______ + ______ = ______

p = ______; Berechneter Wert für $x_1 + x_2 =$ ______.

Die Lösung ____________________.

(2) ______________ = ______ · ______ = ______

Berechneter Wert für $x_1 \cdot x_2 =$ ______ ; $q =$ ______.

Beide Werte ________________________________. Die Lösungen wurden

________________.

Teil (1) wurde ______________, Teil (2) wurde ______________.

Die Zahlen -10 und 32 sind ________________ der gegebenen Gleichung.

Übungen

1. Überprüfe mit Hilfe des Satzes von **Vieta**, ob die angegebenen Zahlen x_1 und x_2 Lösungen der jeweiligen quadratischen Gleichung sind. Kreuze dann ja oder nein an.

a) $x_1 = -2$	$x^2 - 2x - 8 = 0$	☐ ja
$x_2 = 4$		☐ nein
b) $x_1 = -4$	$x^2 - 8x + 16 = 0$	☐ ja
$x_2 = 4$		☐ nein
c) $x_1 = -3$	$x^2 - 18x + 45 = 0$	☐ ja
$x_2 = -15$		☐ nein
d) $x_1 = -8$	$x^2 + 3x - 40 = 0$	☐ ja
$x_2 = 5$		☐ nein
e) $x_1 = -7$	$x^2 + 6{,}5x = 3{,}5$	☐ ja
$x_2 = 0{,}5$		☐ nein

2. Überprüfe, ob die Lösungen richtig sind. Korrigiere gegebenenfalls.

a) $x^2 + 2x - 15$	$= 0$	$x_1 = 3$	$x_2 = -5$
b) $x^2 - x$	$= 0$	$x_1 = -1$	$x_2 = 0$
c) $x^2 + 12x + 36$	$= 0$	$x_1 = 6$	$x_2 = -6$
d) $y^2 - 50y$	$= 600$	$y_1 = -10$	$y_2 = 60$
e) $z^2 + 100$	$= 0$	$z_1 = z_2 = 10$	

3. Vervollständige die Tabelle.

Gleichung	Lösungen $x_1; x_2$	$(x_1 + x_2) = -p$	$x_1 \cdot x_2 = q$
a) $x^2 - 8x + 15 = 0$	3; 5		
b)		5	6
c)	5; 6		
d)	4;		28

Du hast gelernt, quadratische Funktionen darzustellen. Und du hast gelernt, quadratische Gleichungen zu lösen.
Zwischen der graphischen Darstellung einer Funktion und der Lösung der dazugehörigen quadratischen Gleichung besteht ein Zusammenhang. Wir zeigen ihn dir am Beispiel der Funktion $y = x^2 - 6x + 8$ und der dazugehörigen Funktionsgleichung $x^2 - 6x + 8 = 0$.

Beispielaufgaben

a) Wir bestimmen zeichnerisch (graphisch) die Nullstellen der quadratischen Funktion $y = x^2 - 6x + 8$.
Der Faktor (Koeffizient) vor dem quadratischen Glied ist $+1$. Es handelt sich also um eine Normalparabel, die nach oben geöffnet ist. Eine Normalparabel kannst du sehr schnell mit der Schablone darstellen, wenn die Funktionsgleichung in der Scheitelform $y = (x + d)^2 + e$ gegeben ist. Die Koordinaten des Scheitelpunktes S kannst du aus dieser Form leicht ablesen: $S(-d; e)$. Dazu überführen wir die gegebene Funktionsgleichung $y = x^2 - 6x + 8$ aus der Normalform in die Form $y = (x + d)^2 + e$. Wir benötigen dafür die quadratische Ergänzung. Die Umwandlung sieht so aus:

$y = x^2 - 6x + 8$ | quadratische Ergänzung zu $x^2 - 6x$ bilden

$$y = x^2 - 6x + \left(\frac{6}{2}\right)^2 - \left(\frac{6}{2}\right)^2 + 8$$

↓ quadrieren ↓ quadrieren und zusammenfassen

$$y = x^2 - 6x + 9 - 1$$

↓ binomische Formel anwenden

$$y = (x - 3)^2 - 1$$

Die Scheitelform heißt $y = (x - 3)^2 - 1$.
Somit hat der Scheitelpunkt die Koordinaten $S(3; -1)$.

Am Scheitelpunkt legen wir die Schablone an und denken daran, daß die Parabel nach oben geöffnet ist. Aus der graphischen Darstellung lesen wir die Nullstellen ab:

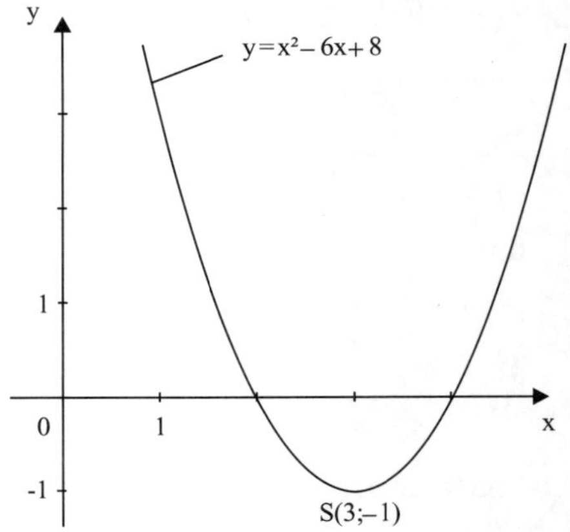

$x_1 = 2$ und $x_2 = 4$.

b) Jetzt lösen wir unsere quadratische Gleichung mit Hilfe der Lösungsformel.
$x^2 - 6 \cdot x + 8 = 0$

$$x_{1/2} = -\frac{-6}{2} \pm \sqrt{\frac{36}{4} - 8}$$

$$x_{1/2} = +3 \pm \sqrt{1}$$

$$x_{1/2} = +3 \pm 1$$

$$\underline{\underline{x_1 = 2}}$$

$$\underline{\underline{x_2 = 4}}$$

Wir vergleichen die Ergebnisse aus a) und b) und stellen fest: In **beiden** Verfahren haben wir die Zahlen 2 und 4 als Lösungen erhalten.
Im Teil a) handelte es sich um die Nullstellen des Graphen der quadratischen Funktion.
Im Teil b) waren es die Lösungen der zugehörigen quadratischen Gleichung.
Diese Gleichheit gilt immer. Du kannst dir deshalb merken:

> Die Nullstellen des Graphen einer quadratischen Funktion stimmen mit den Lösungen der zugehörigen quadratischen Gleichung überein.

Beispielaufgaben

a) Es ist die quadratische Gleichung $0 = x^2 + 4x + 3$ zu lösen. Auf graphischem Wege sollen die Lösungen überprüft werden.

– Vorüberlegungen
Die Lösungen der quadratischen Gleichung stimmen mit den Nullstellen der quadratischen Funktion überein. Unsere Schrittfolge ist daher:
1. Lösungen der Gleichung ermitteln.
2. Parabel zeichnen und Nullstellen ablesen.
3. Vergleichen.

– Lösung

1. Schritt: $x^2 + 4x + 3 = 0$

$$x_{1/2} = -2 \pm \sqrt{4 - \_\_\_\_}$$
$$x_{1/2} = -2 \pm \sqrt{1}$$
$$x_{1/2} = -2 \pm \_\_\_\_$$
$$\underline{\underline{x_1 = -1}}$$
$$\underline{\underline{x_2 = \_\_\_\_}}$$

2. Schritt: Wir müssen jetzt die Nullstellen der Funktion $y = x^2 + 4x + 3$ aus der graphischen Darstellung ablesen. Dazu muß die Funktionsgleichung zuerst in die Form $y = (x + d)^2 + e$ gebracht werden.

$$y = x^2 + 4x + 3$$
$$y = x^2 + 4x + \left(\frac{4}{2}\right)^2 - \_\_\_\_^2 + 3$$

quadrieren — quadrieren und zusammenfassen

$$y = x^2 + \_\_\_\_ + \_\_\_\_ - 1$$

binomische Formel anwenden

$$y = (x + 2)^2 - 1$$

Es ist $d = 2$ und $e = -1$. Der Scheitelpunkt hat somit die Koordinaten $S(-2; -1)$.

Wir tragen in das nebenstehende Koordinatensystem den Scheitelpunkt S mit S(____ ; ____) ein und zeichnen mit Hilfe der Schablone unsere Parabel. Sie ist nach oben geöffnet. Schließlich lesen wir die Nullstellen ab:

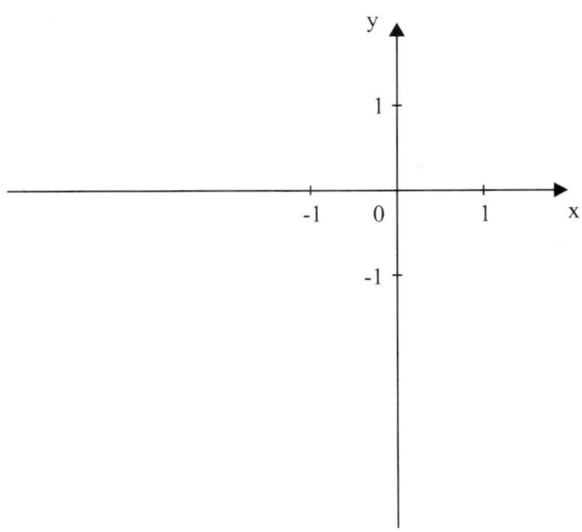

$x_1 =$ ____ und $x_2 =$ ____ .

3. Schritt: Wir vergleichen die beiden Lösungen der quadratischen Gleichung mit den Nullstellen des Graphen der Funktion.

Lösungen der Gleichung	Nullstellen des Graphen
x_1 = ____	x_1 = ____
x_2 = ____	x_2 = ____

Der Vergleich bestätigt, daß die Nullstellen des ________ mit den Lösungen der ________ übereinstimmen.

b) Gegeben sind die quadratische Gleichung $x^2 - 3x + 1{,}25 = 0$ und die zugehörige Funktionsgleichung $y = (x - 1{,}5)^2 - 1$. Es soll wie in Beispiel a) vorgegangen werden.

— Lösung

1. Schritt: $x^2 - 3x$ ______ = ____

$x_{1/2} = 1{,}5 \pm \sqrt{\_\_\_\_ - \_\_\_\_}$

$x_{1/2} =$ ______ $\pm \sqrt{1}$

x_1 = ______

x_2 = ______

2. Schritt: Die Funktionsgleichung lautet $y = -(x - 1{,}5)^2 + 1$. Aus dieser Form können wir bereits die Koordinaten des Scheitelpunktes ablesen:

S(____ ; ____). Die Parabel kannst du nun mit der Parabelschablone zeichnen. Beachte dabei, in welche Richtung die Parabel geöffnet ist.

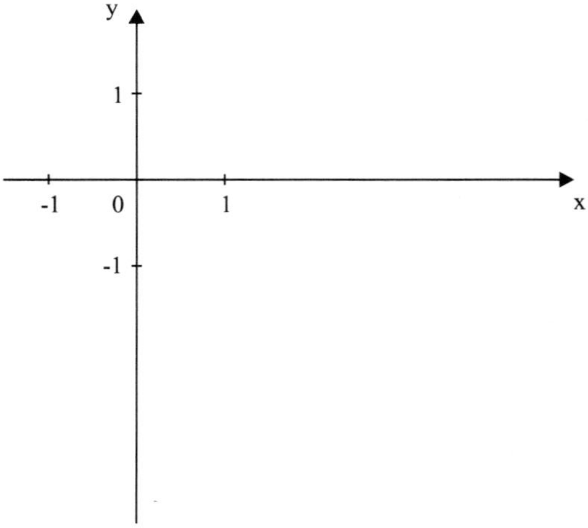

Lies ab!

x_1 = ____

x_2 = ____

3. Schritt: Wir vergleichen.

Lösungen der Gleichung	Nullstellen der Funktion
______	______
______	______

Ergebnis: ______________________________

____

Übungen

4. Löse die quadratische Gleichung $x^2 + 9x + 14 = 0$. Überprüfe die Lösungen durch die Darstellung des Graphen der zugehörigen Funktion.

5. Gegeben sind die folgenden Funktionen:
(1) $y = x^2 - 4x - 5$ (2) $y = (x + 3)^2 - 4$ (3) $y = x^2 - 6x + 11$.

a) Stelle die drei Funktionen in ein und demselben Koordinatensystem graphisch dar.

b) Lies die Nullstellen aller drei Funktionen ab.

c) Überprüfe deine Ergebnisse rechnerisch durch Lösen der jeweiligen quadratischen Gleichung.

9. Training

1. Stelle mit Hilfe der Diskriminante D die Anzahl der Lösungen fest (→ S. 68).

a) $x^2 + 7x + 11 = 0$ **b)** $x^2 + 36 = 12x$

c) $x^2 + 5x - 24 = 0$ **d)** $x^2 + 4x + 10 = 0$

e) $x^2 - 0{,}7x + 0{,}1 = 0$ **f)** $x^2 + 74x + 1368 = 0$

2. Bilde aus den gegebenen Silben die richtigen Begriffe.
bel - dis - dra - ef - er - fi - form - gän - ko - kri - mal - mi - nan - nor - pa - qua - ra - sche - te - ti - zient - zung

a) ______________________________ (→ S. 68)
Name für D in der Lösungsformel

b) ______________________________ (→ S. 17)
Graph einer quadratischen Funktion

c) ______________________________ (→ S. 58)
Name für einen Faktor

d) ______________________________ (→ S. 48)
Bezeichnung für die Form $x^2 + p \cdot x + q = 0$

e) ______________________________ (→ S. 58)
eine besondere Ergänzung

3. Ermittle die Lösungen folgender quadratischer Gleichungen.

a) $20x^2 + 1 = 30x^2 - 16$ **b)** $0{,}3x^2 = 0{,}6x$

c) $8x^2 - 1 = 6x^2 + 1$ **d)** $19x = -7x^2$

e) $2x^2 - 5{,}6 = 4{,}08$ **f)** $\frac{3}{8}x^2 = -\frac{3}{4}x$

4. Ermittle die fehlenden Lösungen.

Gleichung	1. Lösung	2. Lösung
a) $x^2 - 36 = 0$	6	
b) $4x^2 - 36 = 0$		
c) $x^2 - 22x - 320 = 0$	-10	
d) $b^2 + b = -0{,}25$		$-0{,}5$
e) $z^2 + z = 0$		

5. Löse die Gleichungen, und führe die Probe durch.

a) $5x^2 - 10x - 315 = 0$ **b)** $20z^2 = 7z + 3$

c) $6x^2 - 3x = 30$ **d)** $3x^2 + 17x - 6 = 0$

e) $-2x^2 - 28 \cdot x - 550 = 0$ **f)** $8x^2 - 1 = 2x$

6. Bestimme die Lösungsmenge, wenn die reellen Zahlen als Grundbereich angenommen werden.

a) $(x + 3)^2 - (x - 2)^2 + (x + 1)^2 = 20x - 9$

b) $80 = (2x - 5)^2 - (x - 6)^2$

c) $(2x - 1) \cdot (3x + 4) = 7 \cdot (2 - x)$

7. Vervollständige die Tabelle.

Gleichung	p	q	Lösungen x_1	x_2
a) $x^2 + 5x - 36 = 0$				
b)			-9	4
c)	3	0		
d) $x^2 - 3x - \frac{7}{2} = 0$				

8. Wir lösen ein Kreuzzahlrätsel.

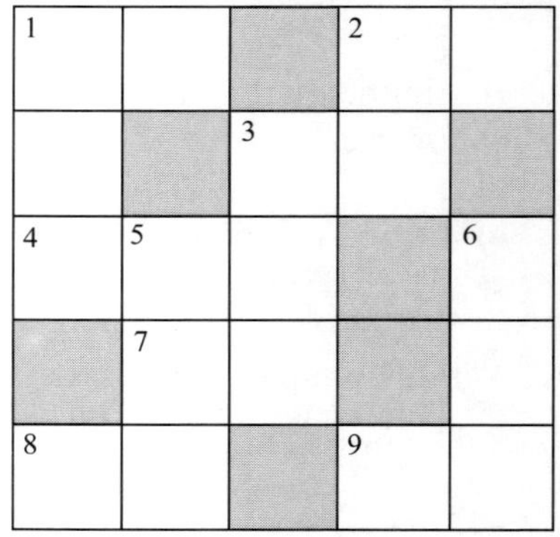

Waagerecht
1. eine Lösung von $x^2 - 43x + 352 = 0$;
2. zweistellige Zahl mit der Quersumme 10;
3. Summe der Lösungen von $0 = 35 - 12x + x^2$;
4. Produkt der Lösungen von $x^2 - 25x + 150 = 0$;
7. Quotient aus 30^2 und 45;
8. $10^2 - 1^2$;
9. größte Primzahl, die kleiner als 20 ist.

Senkrecht
1. 11^2;
2. die andere Lösung zu 1. waagerecht;
3. kleinste dreistellige Quadratzahl;
5. $24^2 - \sqrt{2209}$;
6. größte dreistellige Zahl.

3. Text- und Anwendungsaufgaben

Häufig begegnen uns im täglichen Leben Sachverhalte, bei denen es um Erfassen von Zahlen, Finden der richtigen Rechenart sowie schnellem Ermitteln von Lösungen geht.
Wir beginnen zunächst mit Aufgaben, in denen es „nur" um Zahlen geht.

1. Beispielaufgaben

***Beispiel 1**: Subtrahiert man vom Quadrat einer Zahl 78, so erhält man 66. Ermittle diese Zahl(en).*

Eine Methode, solche Aufgaben zu lösen, ist das Probieren. Du weißt aber aus eigener Erfahrung, daß ein Probieren zum Finden von Lösungen in der Mathematik sehr aufwendig ist und man häufig überhaupt nicht zur Lösung kommt. Um schnell zum Ziel zu gelangen, werden wir die Aufgabe in einen Rechenausdruck übersetzen. Dazu benötigen wir bekannte Lösungsmethoden und Formeln.
Fangen wir mit dem „Übersetzen" an:

Subtrahiert man vom Quadrat einer Zahl 78, so erhält man 66.
$-$ „Subtrahieren" heißt $-$; es ist eine Differenz.
Subtrahiert man *vom Quadrat einer Zahl* 78, so erhält man 66.
$x^2 -$ „vom Quadrat einer Zahl" heißt: Der Minuend ist das Quadrat der gesuchten Zahl, z.B. x^2.
Subtrahiert man vom Quadrat einer Zahl *78*, so erhält man 66.
$x^2 - 78$ „78" heißt: Der Subtrahend ist die Zahl 78.
Subtrahiert man vom Quadrat einer Zahl 78, *so erhält man 66*.
$x^2 - 78 = 66$ „so erhält man 66" heißt: Die Differenz ist die Zahl 66.

Damit haben wir eine quadratische Gleichung erhalten, die nun zu lösen ist.

$$x^2 - 78 = 66 \quad | +78$$
$$x^2 = 144 \quad | \sqrt{}$$
$$x_{1/2} = \pm 12$$
$$\underline{\underline{x_1 = +12}} \quad \text{und} \quad \underline{\underline{x_2 = -12}}$$

Probe (am Ausgangstext)
Subtrahiert man vom Quadrat der Zahlen 12 oder −12 die Zahl 78, so erhält man 66.

$$12^2 - 78 = 66 \qquad (-12)^2 - 78 = 66$$
$$144 - 78 = 66 \qquad 144 - 78 = 66$$
$$66 = 66 \qquad 66 = 66$$

Antwortsatz: Die gesuchten Zahlen heißen 12 und −12.

Übung

1. Das Produkt aus der Summe und der Differenz zweier Zahlen ist 96. Eine der Zahlen ist 5. Schreibe diese beiden Zahlen auf.

Beispiel 2: *Das Produkt zweier aufeinanderfolgender ganzer Zahlen ist 650. Wie heißen diese Zahlen?*

Auch dieses Beispiel zerlegen wir in einzelne Satzteile, die wir in die mathematische Fachsprache übersetzen.

Das Produkt zweier aufeinanderfolgender ganzer Zahlen ist 650.

„Das Produkt" heißt, es ist eine Multiplikationsaufgabe, also · .

Das Produkt *zweier aufeinanderfolgender ganzer Zahlen* ist 650.

$x \cdot (x + 1)$

„zweier aufeinanderfolgender Zahlen" heißt: Die gesuchte Zahl und die um 1 größere Zahl sind die beiden Faktoren. Wir schreiben daher $x \cdot (x + 1)$.

Das Produkt zweier aufeinanderfolgender ganzer Zahlen *ist 650*.

$x \cdot (x + 1) = 650$

„ist 650" heißt: Das Produkt ist die Zahl 650.

Wir haben eine Gleichung mit einer Unbekannten erhalten. Du kannst sie lösen.

$$x \cdot (x + 1) = 650 \quad |\text{ausmultiplizieren}$$
$$x^2 + 1x = 650 \quad |-650$$
$$x^2 + x - 650 = 0 \quad |\text{Lösungsformel anwenden}$$
$$x_{1/2} = -0{,}5 \pm \sqrt{0{,}25 + 650}$$
$$x_{1/2} = -0{,}5 \pm 25{,}5$$
$$\underline{\underline{x_1 = -26}} \quad \text{und} \quad \underline{\underline{x_2 = 25}}$$

Um die Lösung zu komplettieren, mußt du zu x_1 und x_2 die jeweils darauffolgende Zahl bilden.
Für $x_1 = -26$ heißt die darauffolgende Zahl −25.
Für $x_2 = 25$ heißt die darauffolgende Zahl 26.
Als Lösung müssen wir also zwei Zahlenpaare angeben:
1. Zahlenpaar: (−26; −25) und 2. Zahlenpaar: (25; 26).

Probe (am Ausgangstext)
Das Produkt zweier aufeinanderfolgender ganzer Zahlen ist 650.
1. Zahlenpaar: $(-26) \cdot (-25) = 650$
2. Zahlenpaar: $25 \cdot 26 = 650$

Antwortsatz: Die gesuchten aufeinanderfolgenden Zahlen, deren Produkt 650 ergibt, heißen -26 und -25 sowie 25 und 26.

Beispiel 3: *Es gibt zwei Zahlen, von denen die eine ebensoviel über 205 liegt, wie die andere unter 205. Ihr Produkt beträgt 34969. Wie heißen beide Zahlen?*

Mit Hilfe der Zahlengeraden veranschaulichen wir den Sachverhalt:

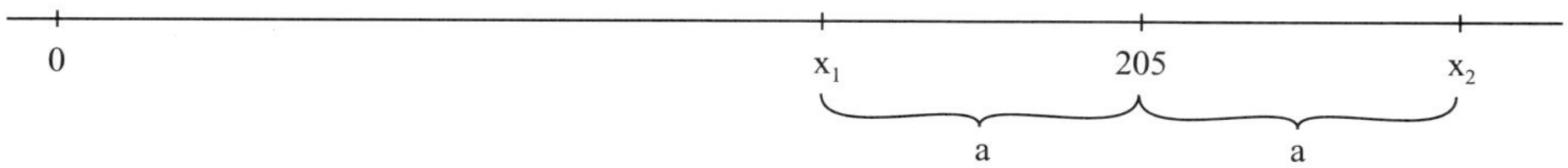

Die gesuchten Zahlen sollen x_1 und x_2 sein. Sie haben den gleichen Abstand zur Zahl 205. Diesen Abstand bezeichnen wir mit a. Dann kannst du zwei Gleichungen zur Berechnung der gesuchten Zahlen x_1 und x_2 aufstellen.
Für x_1: $x_1 = 205 - a$ und für x_2: $x_2 = 205 + a$.
Das Produkt aus diesen beiden Zahlen soll 34969 sein. Also rechnen wir:

$$x_1 \cdot x_2 = 34969 \quad | \text{ Für } x_1 \text{ setzen wir } 205 - a \text{ und für } x_2 \text{ entsprechend } 205 + a.$$

$$(205 - a) \cdot (205 + a) = 34969 \quad | \text{ Binomische Formel anwenden.}$$

$$205 \cdot 205 - a^2 = 34969$$

$$42025 - a^2 = 34969 \quad | +a^2; -34969$$

$$7056 = a^2$$

$$a_1 = +\sqrt{7056} = +84$$

$$a_2 = -\sqrt{7056} = -84$$

Da der Abstand von einer Zahl zu einer anderen Zahl nur einen positiven Wert haben kann, entfällt für unsere weitere Rechnung der Wert $a_2 = -84$. Wir setzen $a_1 = +85$ in die Gleichungen für unsere gesuchten Zahlen x_1 und x_2 ein:

$x_1 = 205 - 84$ $\qquad$ $x_2 = 205 + 84$

$\underline{\underline{x_1 = 121}}$ $\qquad$ $\underline{\underline{x_2 = 289}}$

Führe nun die Probe am Text durch, und schreibe den Antwortsatz auf.

Antwortsatz: ______________________________

____

Übung

2. Ich merke mir zwei natürliche Zahlen. Ihre Summe beträgt 43, das Produkt beider Zahlen ist 372. Welche Zahlen habe ich mir gemerkt?

Beispiel 4: *Ein rechteckiges Grundstück ist 69000 m^2 groß. Die eine Seite ist 70 m größer als die andere Seite. Wie lang und wie breit ist das Grundstück?*

Eine Skizze hilft weiter:

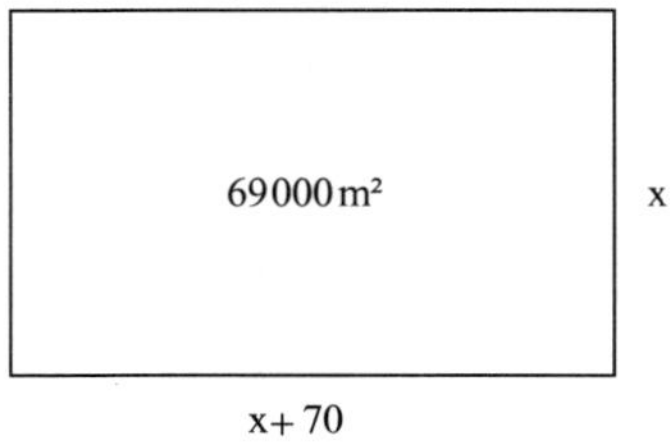

Entsprechend der Flächeninhaltsformel für ein Rechteck läßt sich folgender Ansatz aufstellen:

$$a \cdot b = A \qquad | \text{ Flächeninhalt eines Rechtecks}$$
$$x \cdot (x + 70) = 69000 \qquad | -69000 \text{ und ausmultiplizieren}$$
$$x^2 + 70x - 69000 = 0$$
$$x_{1/2} = -35 \pm \sqrt{(-35)^2 + 69000}$$
$$x_{1/2} = -35 \pm \underline{\qquad\qquad}$$
$$x_1 = \underline{\qquad\qquad}$$
$$x_2 = -300$$

Als Lösung für die Breite x kommt nur x_1 in Frage, da in diesem praktischen Problem als Seitenlänge eines Rechtecks keine negative Zahl stehen kann.
Für die Länge ergibt sich: x + 70 m = 230 m + 70 m = 300 m.
Die Probe führen wir mit Hilfe unserer Skizze durch.

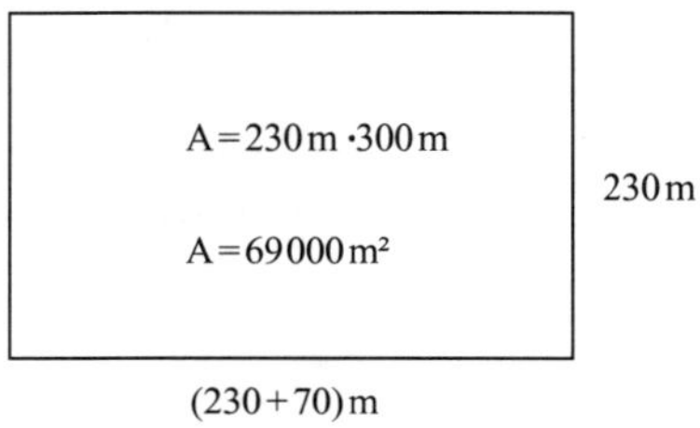

Antwortsatz: Das Grundstück ist 300 m lang und 230 m breit.

Beispiel 5: *Der Flächeninhalt eines Dreiecks beträgt 120 cm². Eine Seite ist um 8 cm länger als die zu ihr gehörige Höhe. Wie lang sind diese Seiten und die Höhe?*

Wir stellen den Sachverhalt wieder in einer Skizze dar:

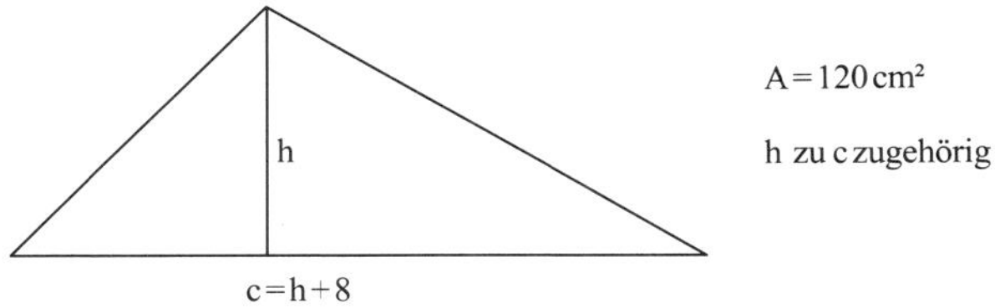

Wir setzen alle uns bekannten Angaben in die Formel ein. Gleichzeitig wissen wir, daß alle Angaben in cm bzw. in cm² erfolgen. Das ist stets wichtig für eine richtige Berechnung.

Formel: $A = \frac{c}{2} \cdot h$

Für c den Term h + 8 einsetzen: $A = \frac{h+8}{2} \cdot h$

Für A den gegebenen Zahlenwert 120 einsetzen: $120 = \frac{h+8}{2} \cdot h$

Vereinfachen: $120 = \frac{h+8}{2} \cdot h \quad | \cdot 2$

$240 = (h+8) \cdot h$

$240 = h^2 + 8\,h \quad | -240$

Normalform herstellen: $0 = h^2 + 8\,h - 240$

Lösungsformel anwenden: $h_{1/2} = -4 \pm \sqrt{16 + 240}$

$h_1 = -4 + \underline{\qquad} \qquad h_2 = -4 - \underline{\qquad}$

$h_1 = \underline{\qquad} \qquad h_2 = \underline{\qquad}$

Da eine Höhe immer einen positiven Wert haben muß, entfällt als mögliche Lösung $h_2 = -20$. Die gesuchte Höhe hat den Wert $h = h_1 = 12$ cm. Damit können wir nun c berechnen $c = h + 8$ cm $= 12$ cm $+ 8$ cm $= 20$ cm.

Probe:
Die gegebene Fläche A beträgt 120 cm². Mit Hilfe der Flächenformel für das Dreieck berechnen wir die Fläche mit Hilfe der ermittelten Werte h = 12 cm und c = 20 cm.

$$A = \frac{1}{2} \cdot h \cdot c = \frac{1}{2} \cdot 12\text{ cm} \cdot 20\text{ cm} = 120\text{ cm}^2$$

Der Vergleich mit dem gegebenen Flächeninhalt zeigt Übereinstimmung. Also sind die berechneten Werte für h und c richtig.

Antwortsatz:
Die Seite c des Dreiecks beträgt 20 cm. Die dazugehörige Höhe h hat eine Länge von 12 cm.

Übungen

3. Wie groß sind die Seiten einer rechteckigen Obstanlage, die einen Umfang von 430 m und eine Fläche von 11 500 m^2 hat?

4. Eine 286 m^2 große rechteckige Fahrzeughalle hat einen Umfang von 70 m. Wie lang und wie breit ist die Halle?

Beispiel 6: *Der Turm des Alten Rathauses in Leipzig teilt das Gebäude im „Goldenen Schnitt". Das Rathaus ist 90 m lang. In welchen Abständen von den Seitenpunkten A und B ließ der Baumeister den Turm errichten?*

Lösung:

1. Was besagt der „Goldene Schnitt"? Unter dem „Goldenen Schnitt" versteht man die Teilung einer Strecke in der Art, daß sich die gesamte Strecke zum größeren Teil der Strecke genauso verhält, wie der größere Teil zum kleineren Teil der Strecke.
2. Skizze anfertigen, Variable festlegen und Gleichung aufstellen:

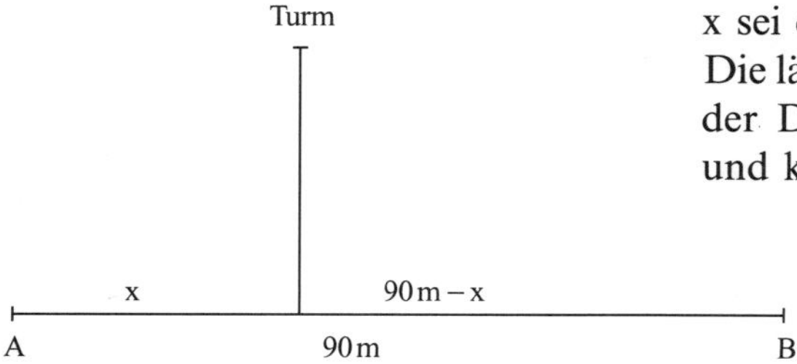

x sei die Länge der kurzen Strecke. Die längere Strecke ergibt sich dann aus der Differenz von Gesamtlänge (90 m) und kurzer Strecke (x): 90 m – x.

Mit den Angaben aus der Skizze kannst du eine Verhältnisgleichung aufstellen:

$$\frac{90\text{ m}}{90\text{ m} - x} = \frac{90\text{ m} - x}{x}$$

Zur Vereinfachung lassen wir in der weiteren Berechnung die Einheiten weg.

3. Gleichung lösen:

$$\frac{90}{90 - x} = \frac{90 - x}{x} \quad \Big| \cdot x$$

So umformen, daß kein x im Nenner steht.

$$\frac{90 \cdot x}{90 - x} = 90 - x \quad \Big| \cdot (90 - x)$$

$$90x = (90 - x) \cdot (90 - x)$$

Klammern auflösen.

$$90x = 8100 - 180x + x^2 \quad | -90x$$

$$0 = 8100 - 270x + x^2$$

Seiten vertauschen.

$$x^2 - 270x + 8100 = 0$$

p und q bestimmen.

$$p = -270;\ q = 8100$$

p und q in die Lösungsformel einsetzen.

$$x_{1/2} = -\frac{-270}{2} \pm \sqrt{\left(\frac{-270}{2}\right)^2 - 8100}$$

$$x_{1/2} = 135 \pm \sqrt{10125}$$

$$x_{1/2} = 135 \pm 100{,}6$$

$x_1 = 235{,}6$ → Diese Lösung entfällt, da die Gesamtlänge nur 90 m beträgt.

$x_2 = \ \ 34{,}4$ → Die Länge der kurzen Strecke beträgt somit 34,4 m.

4. Probe am Text:
Die lange Strecke ist 90 m – x (vergleiche Skizze). Also rechnest du:
90 m – 34,4 m = 55,6 m.
Die längere Strecke ist somit 55,6 m lang.
Wenn richtig gerechnet wurde, dann muß das Verhältnis aus der Gesamtlänge (90 m) und der längeren Strecke (55,6 m) gleich dem Verhältnis aus der längeren Strecke und der kurzen Strecke (34,4 m) sein. Überprüfe die Verhältnisse auf Gleichheit.

$$\frac{\text{Gesamtlänge}}{\text{längere Strecke}} = \frac{90\text{ m}}{55{,}6\text{ m}} = 1{,}62$$

$$\frac{\text{längere Strecke}}{\text{kurze Strecke}} = \frac{\quad\quad}{\quad\quad} = \_\_\_\_$$

5. Antwortsatz: ______________________________

____

Beispiel 7: Um die Tiefe eines Brunnens zu bestimmen, läßt man einen Stein frei hineinfallen und hört ihn nach etwa 5 s im Wasser aufschlagen. Wie tief liegt der Wasserspiegel unter dem Rand des Brunnens?

(Hinweis: Schallgeschwindigkeit $v = 333\,\frac{m}{s}$*; Fallbeschleunigung* $g = 9{,}81\,\frac{m}{s^2}$*)*

Mit einer Skizze verschaffen wir uns wieder einen Überblick.

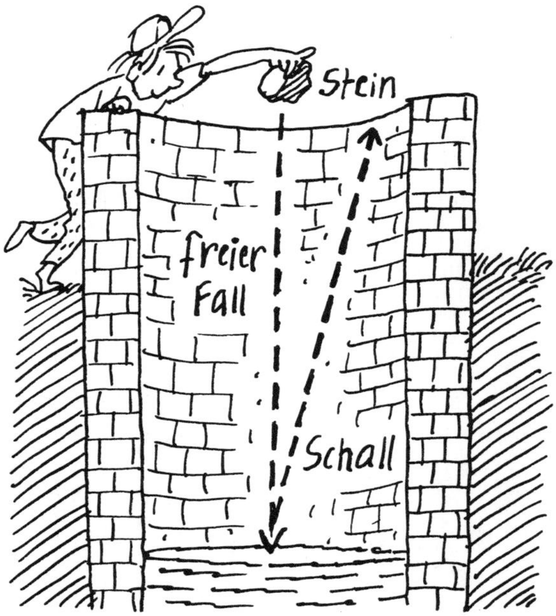

- für freien Fall gilt (gleichm. beschl. Bewegung): $s = \frac{g}{2} \cdot t_1^2$
- für den Schall gilt (gleichförmige Bewegung): $s = v \cdot t_2$

Bei den weiteren Berechnungen mußt du davon ausgehen, daß die Gesamtzeit von 5 s, nach der man den Aufschlag des Steines auf dem Wasser hört, sich aus zwei Zeiten zusammensetzt:

a) aus der Fallzeit t_1 des Steines, die er bis zum Aufschlagen auf dem Wasser benötigt.

b) aus der Laufzeit t_2 des Schalls, die er vom Wasser bis zum Brunnenrand benötigt.

Gesamtzeit = Fallzeit + Laufzeit

$$5\,s = t_1 + t_2$$

Lösungsidee: Die beiden Wege, die der Stein im freien Fall und der Schall zurücklegen, sind gleich: $s_{Stein} = s_{Schall}$.

Wir setzen nun die entsprechenden Terme für die Wege s ein.

$s_{Stein} = s_{Schall}$

$\frac{g}{2} \cdot t_1^2 = v \cdot t_2$

Die Gleichung $5\ s = t_1 + t_2$ von S. 86 lösen wir nach t_2 auf: $t_2 = 5\ s - t_1$. Eingesetzt in unsere Gleichung erhalten wir einen Ausdruck mit nur einer Zeit.

$$\frac{g}{2} \cdot t_1^2 = v \cdot (5 - t_1) \qquad | \text{ Ausmultiplizieren.}$$

$$\frac{g}{2} \cdot t_1^2 = \underline{\qquad\qquad} - \underline{\qquad\qquad} \qquad | + v \cdot t_1;\ -5 \cdot v$$

$$\frac{g}{2} \cdot t_1^2 + v \cdot t_1 - 5 \cdot v = \underline{\qquad} \qquad \Big| \cdot \frac{2}{g}$$

$$t_1^2 + \frac{2 \cdot v}{g} \cdot t_1 - \frac{10}{g} \cdot v = 0$$

Wir setzen jetzt weitere, indirekt gegebene Werte ein. In unserem Falle steht v für die Schallgeschwindigkeit. Sie beträgt rund $333 \frac{m}{s}$. Die Größe g ist die Fallbeschleunigung (Erdbeschleunigung). Du kannst hier mit $9{,}81 \frac{m}{s^2}$ rechnen.

$$t_1^2 + \frac{666}{9{,}81} \cdot t_1 - \frac{10}{9{,}81} \cdot 333 = 0$$

$$t_1^2 + \underline{\qquad\qquad} \cdot t_1 - \underline{\qquad\qquad} = 0$$

Nun wenden wir die Lösungsformel für t_1 an und runden immer auf zwei Stellen nach dem Komma.

$$t_{1_{1/2}} = - \underline{\qquad\qquad} \pm \sqrt{1152{,}26 + 339{,}45}$$

$$t_{1_{1/2}} = - 33{,}95 \pm \underline{\qquad\qquad}$$

$$\underline{\underline{t_{1_1} = 4{,}67}}$$

Die Zeit, die der Stein in den Brunnen frei hineinfällt, beträgt 4,68 s. Der zweite Wert für t_1 wird negativ und ist deshalb praktisch nicht möglich. (Er wurde von uns daher nicht berechnet.)

Die Aufgabe ist jedoch noch nicht gelöst, denn die Frage war, wie tief der Wasserspiegel unter dem Brunnenrand liegt. Wir müssen also noch s (siehe Skizze) berechnen.

Für den freien Fall gilt: $s = \frac{g}{2} \cdot t^2$

Einsetzen des berechneten Wertes ergibt:

$s = \frac{9{,}81}{2} \cdot 4{,}87^2$

$s = 116{,}33$

Antwortsatz: Der Wasserspiegel liegt rund 116 m unter dem Rand des Brunnens.

2. Training

1. Das Doppelte einer Zahl ist halb so groß wie ihr Quadrat. Wie heißt diese Zahl?

2. Um welche Zahl muß jeder Faktor des Produkts 19 · 17 vergrößert werden, damit das Produkt um 76 größer wird?

3. Das Produkt zweier aufeinanderfolgender ganzer Zahlen ist um 55 größer als deren Summe. Welche zwei Zahlen erfüllen diese Bedingung?

4. Ein Garten in der Form eines Rechteckes (siehe Skizze) ist 25 m lang und 15 m breit. Um ihn herum führt ein Weg von gleichbleibender Breite. Der Weg beansprucht eine Fläche von 84 m^2. Wie breit ist der Weg?

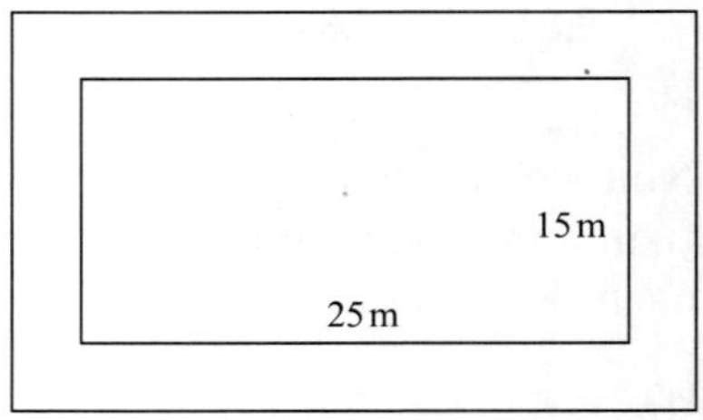

5. Ein Schüler erzählt seinem neuen Klassenkameraden: „Wenn bei uns jeder jeden mit Handschlag begrüßt, sind das 435 Handschläge.“ Dieser antwortet: „In meiner alten Klasse haben wir das auch mal ausgerechnet. Da waren es sogar noch 160 Handschläge mehr.“ Berechne die Klassenstärken.

6. Bei einem Tischtenniswettkampf spielt jeder Teilnehmer gegen jeden. Es werden insgesamt 66 Spiele ausgetragen. Wieviel Schüler nahmen am Wettkampf teil?

7. Ein Autofahrer, der regelmäßig für 50 DM Benzin tankt, stellt fest, daß er nach einer Preiserhöhung um 2 Pf pro Liter nun einen halben Liter Benzin weniger für 50 DM erhält. Berechne den alten und den neuen Benzinpreis.

Lösungsheft

Besser in Mathematik Quadratische Funktionen und Gleichungen ab 9. Schuljahr

von Reiner Böttcher, Jörg Schneidler
und Edmund Wallis

Cornelsen
SCRIPTOR

Hinweis: Einige Zeichnungen im Lösungsheft sind aus Platzgründen maßstabsgetreu verkleinert.

Kapitel 1

Seite 10

t (in s)	0	1	2	2,5	3	4	5
s (in m)	0	5	20	31,25	45	80	125

a) 1 s → **5 m**; 4,5 s → **100 m**; 5 s → **125 m**

b) 20 m → **2 s**; 50 m → **3,2 s**; 100 m → **4,5 s**

c) etwa 4,7 s

1. Wiederholung — Funktionsbegriff

Seite 12

Übung

1. **a)** Die Bilder A, F und **H** zeigen Funktionen, deren Graphen **steigend** verlaufen.
   b) In den beiden Abbildungen B und D sind **fallende** Funktionen dargestellt.
   c) In den Bildern C, E und G verlaufen die Funktionen manchmal **steigend** und manchmal **fallend**.

Seite 13

Übung

2. Bild	A	B	C	D
Nullstelle	$x_0 = 2$	$x_0 = -2$ und $x_0 = 1$	keine	$x_0 = 0$
Monotonie	steigend	für $x \leqq -1$ fallend, für $x \geqq -1$ steigend	für $x \leqq 0$ fallend, für $x \geqq 0$ steigend	steigend

Bild C: Wertebereich $y \geqq 1$

2. Der Begriff „Quadratische Funktion“

Seite 14

Sachverhalte	Formeln	Argumente	Funktionswerte	Konstanten
Kreisflächeninhalt	$A(d) = \frac{\pi}{4} \cdot d^2$	Durchmesser d	Flächeninhalt A	π; 4
Flächeninhalt eines Quadrates	$A(a) = a^2$	Seitenlängen a	Flächeninhalt A	keine
Oberflächeninhalt des Würfels	$A_0(a) = 6\,a^2$	Kantenlänge a	Oberflächeninhalt A_0	6
Oberflächeninhalt des Kreiszylinders	$A_0(r) = 2\pi r^2 + 2\pi r h$	Grundkreisradius r	Oberflächeninhalt A_0	2; π; Höhe des Zylinders h

Sachverhalte	Formeln	Argumente	Funktionswerte	Konstanten
Volumen einer quadratischen Pyramide	$V(a) = \frac{1}{3}a^2h$	Seitenlängen der Grundseite a	Volumen V	$\frac{1}{3}$; Höhe der Pyramide h

Seite 15

d in cm	0	0,5	1	1,5	2	2,5	3	3,5	4	4,5	5
A in cm^2	0	0,2	0,8	1,8	3,1	4,9	7,1	9,6	12,6	15,9	19,6

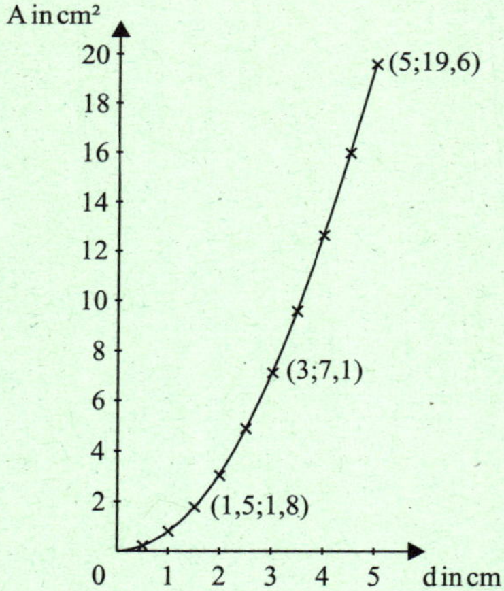

3. Die Funktionen $y = x^2$ und $y = x^2 + e$

Seite 16

x	−3	−2	−1,5	−1	−0,5	0	0,5	1	1,5	2	3
$y = x^2$	9	4	2,25	1	0,25	0	0,25	1	2,25	4	9

Seite 18

x	−2,5	−2	−1,5	−0,75	−0,5
$y = f(x) = x^2 - 3$	3,3	1	−0,8	−2,4	−2,8
$y = f(x) = x^2 + 2,5$	8,8	6,5	4,8	3,1	2,8

x	0	0,5	0,75	1	1,5	2
$y = f(x) = x^2 - 3$	−3	−2,8	−2,4	−2	−0,8	1
$y = f(x) = x^2 + 2,5$	2,5	2,8	3,1	3,5	4,8	6,5

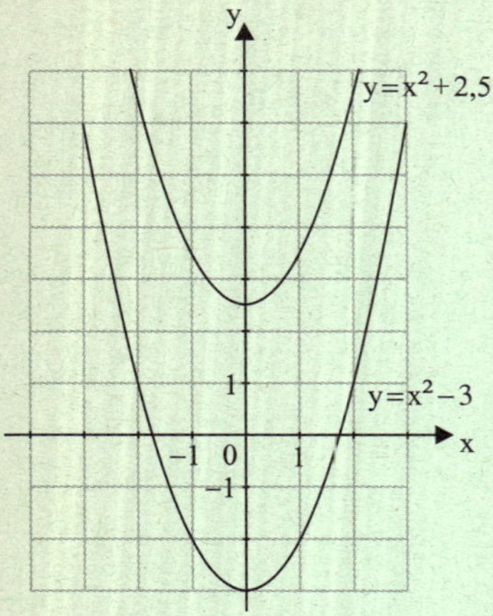

Seite 19

Übungen

1. a) Für beide Funktionen lassen sich alle **reellen Zahlen** für x einsetzen.
   b) Für den **Wertebereich** gilt bei der Funktion $y = x^2 - 3$: $y \geqq -3$;
   bei der Funktion $y = x^2 + 2{,}5$: $y \geqq \mathbf{2{,}5}$.
   c) Für die Monotonie gilt bei beiden Funktionen:
   Ist $x \leqq 0$, so **fällt** die Funktion.
   Ist $x \geqq \mathbf{0}$, so **steigt** die Funktion.
   d) Die Funktion $y = x^2 - 3$ hat **zwei** Nullstellen.
   Die Funktion $y = x^2 + 2{,}5$ hat **keine** Nullstellen.
   e) $S(0; -3)$ ist der Scheitelpunkt der Funktion $\mathbf{y = x^2 - 3}$.
   $S(0; \mathbf{2{,}5})$ ist der Scheitelpunkt der Funktion $\mathbf{y = x^2 + 2{,}5}$.

Seite 20

Übungen

2.

Funktionsgleichung	Scheitelpunkt	Verschiebung	Wertebereich
b) $y = x^2 + 5$	$S(0; 5)$	um 5 Einheiten nach oben	$y \geqq 5$
c) $y = x^2 - 7$	$S(0; -7)$	um 7 Einheiten nach unten	$y \geqq -7$
d) $y = x^2 - 1{,}5$	$S(0; -1{,}5)$	um 1,5 Einheiten nach unten	$y \geqq -1{,}5$
e) $y = x^2 + 4$	$S(0; 4)$	um 4 Einheiten nach oben	$y \geqq 4$
f) $y = x^2 + 2{,}2$	$S(0; 2{,}2)$	um 2,2 Einheiten nach oben	$y \geqq 2{,}2$
g) $y = x^2 - \frac{2}{3}$	$S\left(0; -\frac{2}{3}\right)$	um $\frac{2}{3}$ Einheiten nach unten	$y \geqq -\frac{2}{3}$

3.

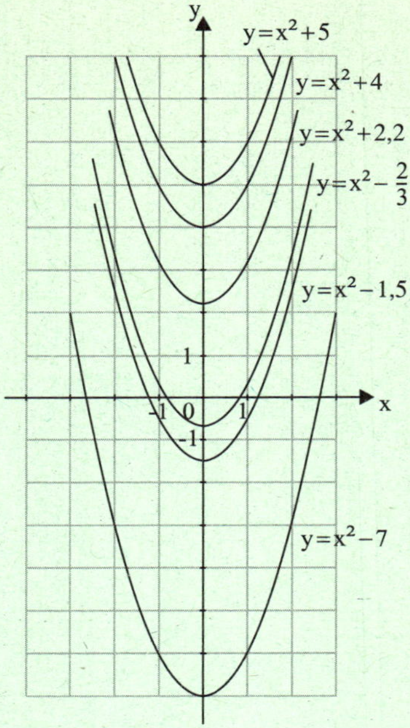

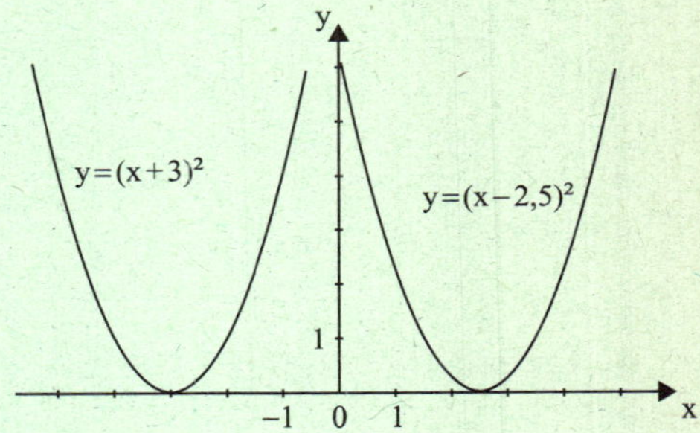

4. Die Funktion $y = (x + d)^2$

Seite 21

x	−5	−4,5	−4	−3,75	−3,5	−3
$y = (x + 3)^2$	4	2,3	1	0,6	0,3	0

x	−2,5	−2,25	−2	−1,5	−1
$y = (x + 3)^2$	0,3	0,6	1	2,3	4

x	0	1	1,5	1,75	2	2,5
$y = (x - 2{,}5)^2$	6,3	2,3	1	0,6	0,3	0

x	3	3,25	3,5	4	5
$y = (x - 2{,}5)^2$	0,3	0,6	1	2,3	6,3

Seite 22

Koordinatensystem: Siehe Abbildung oben rechts.

Übung

1. a) Die Parabeln sind entlang der x-Achse verschoben.
b) Ist $d = 3$, dann erfolgt die Verschiebung um 3 Einheiten nach links.
c) Ist $d = -2{,}5$, dann erfolgt die Verschiebung um 2,5 Einheiten nach rechts.
d) Scheitelpunkte: $y = (x + 3)^2 \Rightarrow S(-3; 0)$; $y = (x - 2{,}5)^2 \Rightarrow S(2{,}5; 0)$
e) Nullstellen: Jede Funktion hat eine Nullstelle.
$y = (x + 3)^2 \Rightarrow x_0 = -3$; $\qquad y = (x - 2{,}5)^2 \Rightarrow x_0 = 2{,}5$

Seite 23

Monotonie für $y = (x - 2{,}5)^2$: Von links kommend fällt der Graph bis zu $x = 2{,}5$. Ab $x = 2{,}5$ steigt der Graph an. Der Graph verläuft fallend für $x \leqq 2{,}5$ und steigend für $x \geqq 2{,}5$.

Seite 24

Übung

2.

Funktionsgleichung	Scheitel S	Nullstelle x_0	Monotonie fallend für	Monotonie steigend für
c) $y = \left(x + \frac{2}{5}\right)^2$	$\left(-\frac{2}{5}; 0\right)$	$x_0 = -\frac{2}{5}$	$x \leqq -\frac{2}{5}$	$x \geqq -\frac{2}{5}$
d) $y = (x - 1{,}7)^2$	$(1{,}7; 0)$	$x_0 = 1{,}7$	$x \leqq 1{,}7$	$x \geqq 1{,}7$
e) $y = (x + 4{,}5)^2$	$(-4{,}5; 0)$	$x_0 = -4{,}5$	$x \leqq -4{,}5$	$x \geqq -4{,}5$
f) $y = (x + 7{,}2)^2$	$(-7{,}2; 0)$	$x_0 = -7{,}2$	$x \leqq -7{,}2$	$x \geqq -7{,}2$
g) $y = (x - 1{,}6)^2$	$(1{,}6; 0)$	$x_0 = 1{,}6$	$x \leqq 1{,}6$	$x \geqq 1{,}6$
h) $y = (x + (-4))^2$	$(4; 0)$	$x_0 = 4$	$x \leqq 4$	$x \geqq 4$

5. Die Funktion $y = (x + d)^2 + e$

Seite 25

Beispielaufgaben

a)
$$y = (x + 2{,}2)^2 - 1{,}3$$
$$y = x^2 + 2 \cdot 2{,}2 \cdot x + 2{,}2^2 - 1{,}3$$
$$y = x^2 + 4{,}4\,x + 4{,}84 - 1{,}3$$
$$y = x^2 + 4{,}4\,x + 3{,}54 \text{ mit } a = 1;\ b = 4{,}4;\ c = 3{,}54$$

b)
$$y = \left(x + \frac{2}{3}\right)^2 + \frac{1}{9}$$
$$y = x^2 + 2 \cdot \frac{2}{3} \cdot x + \left(\frac{2}{3}\right)^2 + \frac{1}{9}$$
$$y = x^2 + \frac{4}{3}x + \frac{4}{9} + \frac{1}{9}$$
$$y = x^2 + \frac{4}{3}x + \frac{5}{9} \text{ mit } a = 1;\ b = \frac{4}{3};\ c = \frac{5}{9}$$

Vermutung:
- Der Graph wird eine Gerade/**Parabel** sein.
- Die Summanden d und e liefern die Koordinaten des Scheitelpunktes. Es gilt: S(e; d)/**S(−d; e)**/S(d; −e)/S(e; −d).

Seite 26

x	−0,5	0,5	1	1,5	1,75	2	2,25
$f_1(x)$	6	1	−0,8	−2	−2,4	−2,8	−2,9

x	2,5	2,75	3	3,25	3,5	4	4,5
$f_1(x)$	−3	−2,9	−2,8	−2,4	−2	−0,8	1

a) Scheitelpunktkoordinaten: $f_2(x) \Rightarrow S(-3;\ -1{,}5)$, $f_3(x) \Rightarrow S(0{,}5;\ 2)$

b)

x	−6	−5	−4,5	−4	−3,75	−3,5	−3,25
$f_2(x)$	7,5	2,5	0,75	0,5	0,94	1,25	−1,44
x	−3	−2,75	−2,5	−2,25	−1,5	−1	0
$f_2(x)$	−1,5	−1,44	−1,25	−0,94	0,75	2,5	7,5

x	−2,5	−1,5	−1	−0,5	−0,25	0	−0,25
$f_3(x)$	11	6	4,3	3	2,6	2,3	2,1
x	0,5	0,75	1	1,25	1,5	2	2,5
$f_3(x)$	2	2,1	2,3	2,6	3	4,3	6

Seite 27

c)

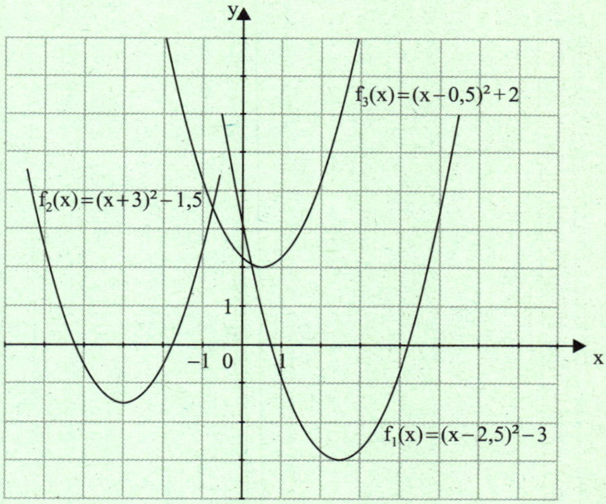

Seite 28

Übungen

1.

	Funktionsgleichung	Scheitelpunkt S	Wertebereich	Anzahl der Nullstellen	Monotonie fallend	Monotonie steigend
c)	$y=(x+3)^2-1,5$	$(-3; -1,5)$	$y \geqq -1,5$	zwei, weil $-1,5<0$	$x \leqq -3$	$x \geqq -3$
d)	$y=(x-0,5)^2+2$	$(0,5; 2)$	$y \geqq 2$	keine, weil $2>0$	$x \leqq 0,5$	$x \geqq 0,5$
e)	$y=(x+7)^2+2$	$(-7; 2)$	$y \geqq 2$	keine, weil $2>0$	$x \leqq -7$	$x \geqq -7$
f)	$y=(x-1)^2-3$	$(1; -3)$	$y \geqq -3$	zwei, weil $-3<0$	$x \leqq 1$	$x \geqq 1$
g)	$y=(x+5)^2-5$	$(-5; -5)$	$y \geqq -5$	zwei, weil $-5<0$	$x \leqq -5$	$x \geqq -5$
h)	$y=(x-3)^2$	$(3; 0)$	$y \geqq 0$	eine, weil $e=0$	$x \leqq 3$	$x \geqq 3$

Seite 29/30

2. $f_2(x)$: Scheitelpunktkoordinaten: S(2,5; −2), Wertebereich: $y \geqq -2$, es gibt zwei Nullstellen, Monotonie: fallend für $x \leqq 2{,}5$ und steigend für $x \geqq 2{,}5$, Funktionsgleichung: $f_2(x) = (x - 2{,}5)^2 - 2$.

$f_3(x)$: Scheitelpunktkoordinaten: S(−1; 0,5), Wertebereich: $y \geqq 0{,}5$, es gibt keine Nullstellen, Monotonie: fallend für $x \leqq -1$ und steigend für $x \geqq -1$, Funktionsgleichung: $f_3(x) = (x + 1)^2 + 0{,}5$.

$f_4(x)$: Scheitelpunktkoordinaten: S(4,5; 0), Wertebereich: $y \geqq 0$, es gibt eine Nullstelle, Monotonie: fallend für $x \leqq 4{,}5$ und steigend für $x \geqq 4{,}5$, Funktionsgleichung: $f_2(x) = (x - 4{,}5)^2$.

Seite 31

3.
4.

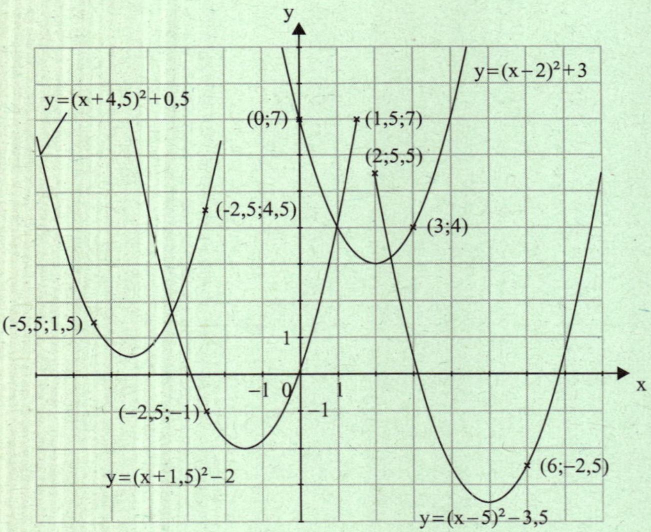

6. Die Funktion $y = x^2 + px + q$

Seite 34

Übungen

1. a) $y = x^2 + 8x + 3$

1. Koeffizient des linearen Gliedes:	8
2. Hälfte des Koeffizienten:	4
3. Quadrat des halben Koeffizienten:	16
4. Quadrat addieren und subtrahieren:	$y = x^2 + 8x + 16 - 16 + 3$
5. Klammer setzen:	$y = (x^2 + 8x + 16) - 16 + 3$
6. Binomische Formel:	$y = (x + 4)^2 - 13$

Probe: $y = (x + 4)^2 - 13$
$y = (x^2 + 2 \cdot 4 \cdot x + 4^2) - 13$
$y = x^2 + 8x + 16 - 13$
$y = x^2 + 8x + 3$ Scheitelpunkt S(−4; −13)

b) $y = x^2 - 0{,}5x - 3$

1. Koeffizient des linearen Gliedes: $-0{,}5$
2. Hälfte des Koeffizienten: $-0{,}25$
3. Quadrat des halben Koeffizienten: $0{,}0625$
4. Quadrat addieren und subtrahieren: $y = x^2 - 0{,}5x + 0{,}0625 - 0{,}0625 - 3$
5. Klammer setzen: $y = (x^2 - 0{,}5x + 0{,}0625) - 0{,}0625 - 3$
6. Binomische Formel: $y = (x - 0{,}25)^2 - 3{,}0625$

Probe: $y = (x - 0{,}25)^2 - 3{,}0625$
$y = (x^2 - 2 \cdot 0{,}25 \cdot x + 0{,}25^2) - 3{,}0625$
$y = x^2 - 0{,}5x + 0{,}0625 - 3{,}0625$
$y = x^2 - 0{,}5x - 3$ Scheitelpunkt $S(0{,}25;\ -3{,}0625)$

Seite 35

1. c) $y = x^2 + x$

1. Koeffizient des linearen Gliedes: 1
2. Hälfte des Koeffizienten: $0{,}5$
3. Quadrat des halben Koeffizienten: $0{,}25$
4. Quadrat addieren und subtrahieren: $y = x^2 + x + 0{,}25 - 0{,}25$
5. Klammer setzen: $y = (x^2 + x + 0{,}25) - 0{,}25$
6. Binomische Formel: $y = (x + 0{,}5)^2 - 0{,}25$

Probe: $y = (x + 0{,}5)^2 - 0{,}25$
$y = (x^2 + 2 \cdot 0{,}5 \cdot x + 0{,}5^2) - 0{,}25$
$y = x^2 + 1x + 0{,}25 - 0{,}25$
$y = x^2 + x$ Scheitelpunkt $S(-0{,}5;\ -0{,}25)$

2. a) $y = x^2 - 2x + 5$

1. Koeffizient des linearen Gliedes -2
2. Hälfte des Koeffizienten: -1
3. Quadrat des halben Koeffizienten: 1
4. Quadrat addieren und subtrahieren: $y = x^2 - 2x + 1 - 1 + 5$
5. Klammer: $y = (x^2 - 2x + 1) - 1 + 5$
6. Binomische Formel: $y = (x - 1)^2 + 4$

Probe: $y = (x - 1)^2 + 4$
$y = (x^2 - 2 \cdot 1 \cdot x + 1^2) + 4$
$y = x^2 - 2x + 1 + 4$
$y = x^2 - 2x + 5$

b) $y = x^2 - 10x - 1$
Scheitelpunktform: $y = (x - 5)^2 - 26$
Scheitelpunktkoordinaten: $S(5;\ -26)$
Wertebereich: $y \geqq -26$
Monotonie: fallend für $x \leqq 5$
steigend für $x \geqq 5$

c) $y = x^2 - x - 1$
Scheitelpunktform: $y = (x - 0{,}5)^2 - 1{,}25$
Scheitelpunktkoordinaten: $S(0{,}5;\ -1{,}25)$
Wertebereich: $y \geqq -1{,}25$
Monotonie: fallend für $x \leqq 0{,}5$
steigend für $x \geqq 0{,}5$

d) $y = x^2 - 4x$

Scheitelpunktform: $y = (x-2)^2 - 4$

Scheitelpunktkoordinaten: $S(2; -4)$

Wertebereich: $y \geqq -4$

Monotonie: fallend für $x \leqq 2$

steigend für $x \geqq 2$

e) $y = x^2 - \frac{5}{2}x + 3$

Scheitelpunktform: $y = \left(x - \frac{5}{4}\right)^2 + \frac{23}{16}$

Scheitelpunktkoordinaten: $S\left(\frac{5}{4}; \frac{23}{16}\right)$

Wertebereich: $y \geqq \frac{23}{16}$

Monotonie: fallend für $x \leqq \frac{5}{4}$

steigend für $x \geqq \frac{5}{4}$

Seite 36

3. a) $y = (x-3)^2 + 1$
$S(3; 1)$

b) $y = (x+2)^2 - 4$
$S(-2; -4)$

c) $y = (x+4{,}5)^2 - 2{,}25$
$S(-4{,}5; -2{,}25)$

d) $y = (x-1)^2 - 3$
$S(1; -3)$

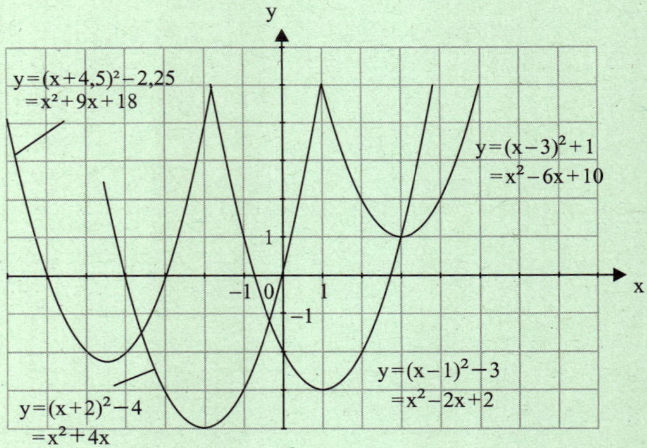

4. b) $S(-1{,}5; -10)$. Für $x = -1{,}5$ wird der kleinste Funktionswert $y = -10$ angenommen.

c) $S(6; 1{,}5)$. Für $x = 6$ wird der kleinste Funktionswert $y = 1{,}5$ angenommen.

d) $S(3; -9)$. Für $x = 3$ wird der kleinste Funktionswert $y = -9$ angenommen.

5. b) $f(x) = y = (x-1)^2 + 5$
$f(7) = y_2 = (7-1)^2 + 5$
$f(7) = y_2 = 41$

c) $f(x) = y = (x-10)^2 + 0{,}5$
$f(-3) = y_2 = (-3-10)^2 + 0{,}5$
$f(-3) = y_2 = 169{,}5$

d) $f(x) = y = (x-0{,}5)^2 - 2{,}5$
$f(3{,}5) = y_2 = (3{,}5-0{,}5)^2 - 2{,}5$
$f(3{,}5) = y_2 = 6{,}5$

e) $f(x) = y = (x+2)^2 - 3{,}5$
$f(-4) = y_2 = (-4+2)^2 - 3{,}5$
$f(-4) = y_2 = 0{,}5$

Seite 37

$y = x^2 + x - 3 \rightarrow S\left(-\frac{p}{2}; -\frac{p^2}{4} + q\right)$

1. $p = 1, q = -3$
2. $x_s = -\frac{p}{2} = -\frac{1}{2} = -0{,}5, \quad y_s = -3{,}25$

Übungen

6. $S\left(-\frac{p}{2}; -\frac{p^2}{4}+q\right)$

1. $p = -0{,}4, \quad q = -0{,}6$
2. $x_s = -\frac{p}{2} = -\frac{-0{,}4}{2} = 0{,}2 \quad y_s = -\frac{p^2}{4} + q = -\frac{(-0{,}4)^2}{4} + (-0{,}6) = 0{,}64$
3. $S(0{,}2; -0{,}64)$

Seite 38

7. **a)** $S(0{,}5; 4{,}75)$ **b)** $S(-2; -5)$ **c)** $S(5; -31)$
d) $S(-1{,}5; -0{,}75)$ **e)** $S(0; -6)$ Hier ist $p = 0$! Es handelt sich um eine Funktion der Form $y = x^2 + d$ (Abschnitt 3).
f) $S(1{,}5; -2{,}25)$ Hier ist $q = 0$!

Beispielaufgaben

b) $S\left(-\frac{p}{2}; -\frac{p^2}{4}+q\right)$

$$-\frac{p^2}{4} + q = 2$$
$$-\frac{2^2}{4} + q = 2 \quad | +1$$
$$q = 3$$

Seite 39

c) $S\left(-\frac{p}{2}; -\frac{p^2}{4}+q\right)$

$$-\frac{p}{2} = 0{,}5 \quad | \cdot(-2) \qquad\qquad -\frac{p^2}{4} + q = -6{,}5$$
$$p = -1 \qquad\qquad -0{,}25 + q = -6{,}5 \quad | +0{,}25$$
$$q = -6{,}25$$

Normalform: $y = x^2 - x - 6{,}25$

Übung

8. **a)** $y = x^2 - 6x + 24$ **b)** $y = x^2 + 2x$ **c)** $y = x^2 - 18x + 74$
d) $y = x^2 + 6x + 11{,}5$ **e)** $y = x^2 + 4$ **f)** $y = x^2 - 8x + 16$

7. Nullstellen einer quadratischen Funktion

Seite 40

$y = x^2 + px + q$ $S\left(-\frac{p}{2}; -\frac{p^2}{4}+q\right)$ $y_s = -\frac{p^2}{4} + q$	Anzahl der Nullstellen	$y = (x+d)^2 + e$ $S(-d; e)$ $y_s = e$
$-\frac{p^2}{4} + q < 0$	zwei, also $y_s < 0$	$e < 0$
$-\frac{p^2}{4} + q = 0$	eine, also $y_s = 0$	$e = 0$
$-\frac{p^2}{4} + q > 0$	keine, also $y_s > 0$	$e > 0$

Übung

1. a) $e = 4 > 0$ → keine Nullstelle
b) $-\frac{p^2}{4} + q = -3 < 0$ → zwei Nullstellen
c) $e = 0$ → eine Nullstelle
d) $-\frac{p^2}{4} + q = 0$ → eine Nullstelle
e) $e = -\frac{2}{5} < 0$ → zwei Nullstellen
f) $-\frac{p^2}{4} + q = 0{,}75 > 0$ → keine Nullstelle

Seite 41

Übung

2.

	eine Nullstelle	zwei Nullstellen	keine Nullstellen
a) $p = -4$	$q = 4$	$q < 4$	$q > 4$
b) $p = 5$	$q = 6{,}25$	$q < 6{,}25$	$q > 6{,}25$
c) $p = 1{,}5$	$q = 0{,}5625$	$q < 0{,}5625$	$q > 0{,}5625$

Seite 42

Beispielaufgabe

$p = -6,\ q = 8$

$x_s = -\frac{p}{2} = -\frac{-6}{2} = 3;\qquad y_s = -\frac{p^2}{4} + q = -\frac{(-6)^2}{4} + 8 = -1$

$S(3;\ -1)$

Nullstellen: $x_1 = 2;\ x_2 = 4$

Übung

3. Für den Vergleich geben wir die Scheitelpunktkoordinaten der Funktionen und die Nullstellen an.
a) $S(-3;\ -1),\ x_1 = -2,\ x_2 = -4$
b) $S(-2;\ -4),\ x_1 = 0,\ x_2 = -4$
c) $S(-0{,}5;\ -3{,}25),\ x_1 \approx 1{,}3,\ x_2 \approx -2{,}3$
d) $S(0{,}5;\ -0{,}25),\ x_1 = 1,\ x_2 = 0$
e) $S(2{,}5;\ -1),\ x_1 = 3{,}5,\ x_2 = 1{,}5$
f) $S(-0{,}75;\ -1{,}5625),\ x_1 = 0{,}5,\ x_2 = -2$
g) $S(-4;\ -4),\ x_1 = -2,\ x_2 = -6$
h) $S(3;\ 2)$ keine Nullstellen
i) $S(1;\ -3),\ x_1 \approx 2{,}7,\ x_2 \approx -0{,}7$

8. Training

Seite 43

1. a) $y = x^2 - 3x + 2{,}25$
b) $y = x^2 + 4x + 0{,}5$
c) $y = x^2 + 14x + 50$
d) $y = x^2 - 7x + 6{,}25$

2. a) $y = (x + 2)^2 + 3$
b) $y = (x - 3)^2 - 4$
c) $y = (x - 5)^2 + 2$
d) $y = (x + 4)^2 + 3$

3.	Scheitelpunkt	Wertebereich	Monotonieverhalten	Nullstellenanzahl
a)	$(0; -4{,}5)$	$y \geqq -4{,}5$	fallend für $x \leqq 0$ steigend für $x \geqq 0$	zwei
b)	$(3{,}7; 0)$	$y \geqq 0$	fallend für $x \leqq 3{,}7$ steigend für $x \geqq 3{,}7$	eine
c)	$(4{,}5; 2{,}5)$	$y \geqq 2{,}5$	fallend für $x \leqq 4{,}5$ steigend für $x \geqq 4{,}5$	keine
d)	$\left(-\frac{2}{3}; -\frac{1}{4}\right)$	$y \geqq -\frac{1}{4}$	fallend für $x \leqq -\frac{2}{3}$ steigend für $x \geqq -\frac{2}{3}$	zwei
e)	$(-3{,}5; -3{,}5)$	$y \geqq -3{,}5$	fallend für $x \leqq -3{,}5$ steigend für $x \geqq -3{,}5$	zwei
f)	$(0{,}5; -1{,}25)$	$y \geqq -1{,}25$	fallend für $x \leqq 0{,}5$ steigend für $x \geqq 0{,}5$	zwei
g)	$(2; 1)$	$y \geqq 1$	fallend für $x \leqq 2$ steigend für $x \geqq 2$	keine
h)	$\left(\frac{4}{3}; -\frac{7}{9}\right)$	$y \geqq -\frac{7}{9}$	fallend für $x \leqq \frac{4}{3}$ steigend für $x \geqq \frac{4}{3}$	zwei

4. **a)** $S(-2; -1{,}5)$, $y = (x+2)^2 - 1{,}5$, $y = x^2 + 4x + 2{,}5$
b) $S(0; -3)$, $y = x^2 - 3$
c) $S(3; 0)$, $y = (x-3)^2$, $y = x^2 - 6x + 9$
d) $S(-2; 1)$, $y = (x+2)^2 + 1$, $y = x^2 + 4x + 5$
e) $S(0{,}5; 0)$, $y = (x-0{,}5)^2$, $y = x^2 - x + 0{,}25$
f) $S(2{,}5; -2{,}25)$, $y = (x-2{,}5)^2 - 2{,}25$, $y = x^2 - 5x + 4$

Seite 44

5. Zuerst werden die Koordinaten des Scheitelpunktes berechnet, anschließend werden die Funktionen mit der Parabelschablone gezeichnet und danach die Nullstellen abgelesen.
a) $S(-3{,}5; -0{,}25)$, $x_1 = -4$, $x_2 = -3$ **b)** $S(0; -5)$, $x_1 \approx 2{,}2$, $x_2 \approx -2{,}2$
c) $S(1; -4)$, $x_1 = 3$, $x_2 = -1$ **d)** $S(1; 2)$, keine Nullstellen
e) $S\left(\frac{19}{8}; -\frac{225}{64}\right)$ oder $S(2{,}375; -3{,}515625)$, $x_1 = 4{,}25$, $x_2 = 0{,}5$
f) Mit der Gleichung $y = 4x - 3$ wird keine quadratische Funktion beschrieben, sondern eine lineare Funktion! Deshalb ergibt sich als Graph im Koordinatensystem eine Gerade. Die Nullstelle dieser linearen Funktion ist $x_0 = 0{,}75$.

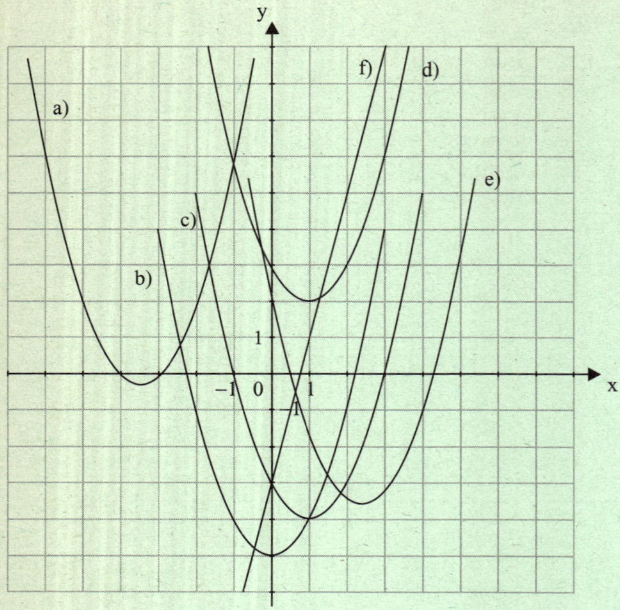

6. Keine Nullstelle, wenn $-\frac{p^2}{4} + q > 0$.

a) $p = -3{,}5$:
$-3{,}0625 + q > 0 \quad | + 3{,}0625$
$q > 3{,}0625$
Es gibt keine Nullstellen
für q größer 3,0625.

b) $p = 0{,}5$:
$-0{,}0625 + q > 0 \quad | + 0{,}0625$
$q > 0{,}0625$
Es gibt keine Nullstellen
für q größer 0,0625.

c) $p = 10$:
$-25 + q > 0 \quad | + 25$
$q > 25$
Es gibt keine Nullstellen
für q größer 25.

d) $p = 0$:
$0 + q > 0$
$q > 0$
Es gibt keine Nullstellen
für q größer 0.

7. Setze jeweils die Koordinaten des vorgegebenen Punktes für x und y ein, und löse anschließend die entstandene Gleichung nach p bzw. q auf.

a) $-3 = 2^2 - 4 \cdot 2 + q$
$-3 = -4 + q \quad | + 4$
$1 = q$

b) $-1 = 0^2 + 2{,}5 \cdot 0 + q$
$-1 = q$

c) $5 = 2^2 + p \cdot 2 - 7$
$5 = -3 + 2p \quad | + 3$
$8 = 2p \quad | : 2$
$4 = p$

d) $0 = (-4)^2 + p \cdot (-4) + 0{,}5$
$0 = 16{,}5 - 4p \quad | - 16{,}5$
$-16{,}5 = -4p \quad | : (-4)$
$4{,}125 = p$

Kapitel 2

1. Zur Wiederholung

Seite 46

Übungen

1. **a)** $\sqrt{100} = 10,$ denn $10^2 = 100$

b) $\sqrt{\frac{1}{4}} = \frac{1}{2},$ denn $\left(\frac{1}{2}\right)^2 = \frac{1}{4}$

c) $\sqrt{45 + 4} = 7,$ denn $7^2 = 49$

d) $\sqrt{68 - 4} = 8,$ denn $8^2 = 64$

e) $\sqrt{16} = 4,$ denn $4^2 = 16$

f) $\sqrt{81} = 9,$ denn $9^2 = 81$

2. **a)** 8 **b)** 15 **c)** 1,5 **d)** 0,06 **e)** 1,142
f) 45,3 **g)** 0,025 **h)** 0,12 **i)** 539,08835
j) 19 **k)** 0 **l)** 36 **m)** 1,25 **n)** nicht lösbar

3.

x	50	40	30	20	10	8	5	2
$\sqrt{x}$	7,07	6,32	5,48	4,47	3,16	2,83	2,24	1,41

4. **a)** 6,3 **b)** 7 **c)** 0,1
d) 12 **e)** $-0{,}3$ **f)** 260,3

5.

$\sqrt{0{,}3}$	$\sqrt{3}$	$\sqrt{4 \cdot 9}$	$\sqrt{\frac{1}{2}}$	$-\sqrt{3}$	$\sqrt{0{,}81}$	$\sqrt{9} \cdot 4$	$\sqrt{\frac{1}{4}}$
0,55	1,73	6	0,71	$-1{,}73$	0,9	12	0,5
S	H	I	I	D	S	G	A

$\sqrt{27 : 3 - 7}$	$\sqrt{\frac{1}{4} \cdot 100}$	$1 + \sqrt{0{,}01}$	$\sqrt{1^2}$	$3 - \sqrt{3{,}9}$
1,41	5	1,1	1	1,03
C	T	I	T	R

Lösungsband: DAS IST RICHTIG

2. Die allgemeine Form der quadratischen Gleichung

Seite 47

$x_1 = -1 \qquad x_2 = 6$

Seite 49

Übungen

1.
$$2x^2 + 4x - 6 = 0 \quad |:2$$
$$x^2 + 2x - 3 = 0$$

2. a)
$$0{,}5x^2 + x = 1{,}5 \quad |-1{,}5$$
$$0{,}5x^2 + x - 1{,}5 = 0 \quad |:0{,}5$$
$$x^2 + 2x - 3 = 0$$

b)
$$\frac{1}{4}x^2 = 4x - 16 \quad |-4x$$
$$\frac{1}{4}x^2 - 4x = -16 \quad |+16$$
$$\frac{1}{4}x^2 - 4x + 16 = 0 \quad |\cdot 4$$
$$x^2 - 16x + 64 = 0$$

3. a) $x^2 - 4x - 2 = 0$

b) $x^2 + \frac{1}{20}x - \frac{12}{20} = 0$ oder: $x^2 + 0{,}05x - 0{,}6 = 0$

c) $u^2 + 3u - 1 = 0$

d) $x^2 - 2x - 48 = 0$

e) $x^2 + \frac{13}{4} = 0$ oder: $x^2 + 3{,}25 = 0$

f) $x^2 - x + 9 = 0$

3. Die reinquadratische Gleichung $x^2 + q = 0$

Seite 51

Übungen

1.
$$x^2 - 121 = 0 \quad |+121$$
$$x^2 = 121$$
$$x_{1/2} = \pm\sqrt{121}$$
$$x_1 = +11$$
$$x_2 = -11 \qquad \underline{\underline{L = \{+11; -11\}}}$$

2.
$$10a^2 + 5 = 815 \quad |-5$$
$$10a^2 = 810 \quad |:10$$
$$a^2 = 81$$
$$a_{1/2} = \pm\sqrt{81}$$
$$a_1 = +9$$
$$a_2 = -9 \qquad \underline{\underline{L = \{+9; -9\}}}$$

3.
$$-2m^2 + 6 = -66 \quad |-6$$
$$-2m^2 = -72 \quad |:(-2)$$
$$m^2 = 36$$
$$m_{1/2} = \pm\sqrt{36}$$
$$m_1 = +6$$
$$m_2 = -6 \qquad \underline{\underline{L = \{+6; -6\}}}$$

4.
$$-y^2 + 19 = -30 \quad |-19$$
$$-y^2 = -49 \quad |:(-1)$$
$$y^2 = 49$$
$$y_{1/2} = \pm\sqrt{49}$$
$$y_1 = +7$$
$$y_2 = -7 \qquad \underline{\underline{L = \{+7; -7\}}}$$

Seite 52

5. a) $x_1 = 10$; $x_2 = -10$; $\underline{\underline{L = \{10; -10\}}}$

b) $x_1 = 3$; $x_2 = -3$; $\underline{\underline{L = \{3; -3\}}}$

c) $x_1 = 1{,}1$; $x_2 = -1{,}1$; $\underline{\underline{L = \{1{,}1; -1{,}1\}}}$

d) $x_1 = 2{,}24$; $x_2 = -2{,}24$; $\underline{\underline{L = \{2{,}24; -2{,}24\}}}$

6. a) $x_1 = \frac{1}{2}$; $x_2 = -\frac{1}{2}$; $L = \left\{\frac{1}{2}; -\frac{1}{2}\right\}$

b) $x_1 = 5$; $x_2 = -5$; $L = \{5; -5\}$

c) $y_1 = 3$; $y_2 = -3$; $L = \{3; -3\}$

d) $z_1 = 1{,}73$; $z_2 = -1{,}73$; $L = \{1{,}73; -1{,}73\}$

7. a) $m_1 = 6$; $m_2 = -6$; $L = \{6; -6\}$

b) $c_1 = 2$; $c_2 = -2$; $L = \{2; -2\}$

c) $y_1 = 4{,}24$; $y_2 = -4{,}24$; $L = \{4{,}24; -4{,}24\}$

d) $t_1 = 0{,}33$; $t_2 = -0{,}33$; $L = \{0{,}33; -0{,}33\}$

8. a) $x_1 = 1{,}41$; $x_2 = -1{,}41$; $L = \{1{,}41; -1{,}41\}$

b) $x_1 = 1{,}19$; $x_2 = -1{,}19$; $L = \{1{,}19; -1{,}19\}$

c) $x_1 = 0{,}77$; $x_2 = -0{,}77$; $L = \{0{,}77; -0{,}77\}$

d) nicht lösbar

Beispielaufgaben

$$
\begin{aligned}
-2g^2 + 20 &= 64 && |-20 \\
-2g^2 &= 44 && |:(-2) \\
g^2 &= -22 \\
g_{1/2} &= \pm\sqrt{-22} \rightarrow \text{keine Lösung}
\end{aligned}
$$

$$
\begin{aligned}
6d^2 &= -120 && |:6 \\
d^2 &= -20 \\
d_{1/2} &= \pm\sqrt{-20} \rightarrow \text{keine Lösung}
\end{aligned}
$$

4. Die gemischtquadratische Gleichung $x^2 + px = 0$

Seite 55

Übungen

1.
$$
\begin{aligned}
21 - \frac{3}{4}x - 6 &= 0{,}5x^2 + 15 && |\text{zusammenfassen} \\
15 - \frac{3}{4}x &= 0{,}5x^2 + 15 && |-15 \\
-\frac{3}{4}x &= 0{,}5x^2 && \left|+\frac{3}{4}x\right. \\
0 &= 0{,}5x^2 + \frac{3}{4}x && |\text{Seiten vertauschen} \\
0{,}5x^2 + \frac{3}{4}x &= 0 && |:0{,}5 \\
x^2 + 1{,}5x &= 0 && |x \text{ ausklammern} \\
x \cdot \underbrace{(x + 1{,}5)} &= 0
\end{aligned}
$$

$$
\begin{aligned}
&\downarrow && \searrow \\
&x = 0 && x + 1{,}5 = 0 \qquad |\text{nach } x \text{ umstellen} \\
& && x = -1{,}5 \\
&\downarrow && \downarrow \\
&x_1 = 0 && x_2 = -1{,}5 \qquad L = \{0; -1{,}5\}
\end{aligned}
$$

Probe: $x_1 = 0$:

$$21 - \frac{3}{4} \cdot 0 - 6 = 0{,}5 \cdot 0^2 + 15$$
$$21 - 0 - 6 = 0 + 15$$
$$15 = 15$$

$x_2 = -1{,}5$:

$$21 - \frac{3}{4} \cdot (-1{,}5) - 6 = 0{,}5 \cdot (-1{,}5)^2 + 15$$
$$21 + 1{,}125 - 6 = 1{,}125 + 15$$
$$16{,}125 = 16{,}125$$

Seite 56

2. $0 = 8a^2 - 4a \quad |:8$

$0 = a^2 - \frac{1}{2}a \quad |\text{a ausklammern}$

$0 = a \cdot \underbrace{\left(a - \frac{1}{2}\right)}$

↓ ↘

$a = 0 \qquad a - \frac{1}{2} = 0 \quad |\text{nach a umstellen}$

$a = \frac{1}{2}$

↓ ↓

$a_1 = 0 \qquad a_2 = \frac{1}{2} \qquad L = \left\{0; \frac{1}{2}\right\}$

Probe: $a_1 = 0$:

$$0 = 8 \cdot 0^2 - 4 \cdot 0$$
$$0 = 0 - 0$$
$$0 = 0$$

$a_2 = \frac{1}{2}$:

$$0 = 8 \cdot \left(\frac{1}{2}\right)^2 - 4 \cdot \frac{1}{2}$$
$$0 = 2 - 2$$
$$0 = 0$$

Seite 57

Übung

3. **a)** $L = \{0; 0{,}6\}$ **b)** $L = \{0; -11\}$ **c)** $L = \{0; 1\}$

d) $L = \{0; 2\}$ **e)** $L = \left\{0; -\frac{3}{7}\right\}$ **f)** $L = \left\{0; \frac{13}{8}\right\}$

g) $L = \left\{0; \frac{1}{8}\right\}$ **h)** $L = \{0; -2\}$

5. Das Lösen von quadratischen Gleichungen der Form $x^2 + px + q = 0$

Seite 58

Übungen

1. Der Koeffizient des linearen Gliedes heißt -10.
Die Hälfte des Koeffizienten ist -5.

Seite 59

2. lineares Glied: $+5\,m$ oder nur $5\,m$
Koeffizient des linearen Gliedes: $+5$ oder nur 5
Hälfte des Koeffizienten: $+2{,}5$ oder nur $2{,}5$
quadratische Ergänzung: $2{,}5^2$ oder auch $6{,}25$
Das vollständige Quadrat heißt:

$$m^2 + 5\,m + 6{,}25 - 6{,}25$$
$$= m^2 + 5\,m + 2{,}5^2 - 2{,}5^2$$
$$= (m + 2{,}5)^2 \quad - 2{,}5^2$$

3. **a)** $(a + 10)^2 - 100$ **b)** $(y - 2{,}5)^2 - 6{,}25$ **c)** $(n + 1{,}5)^2 - 2{,}25$
d) $(z + 4{,}5)^2 - 20{,}25$ **e)** $(g + 0{,}5)^2 - 0{,}25$ **f)** $(f - 0{,}25)^2 - 0{,}0625$
g) $\left(y - \frac{1}{8}\right)^2 - \frac{1}{64}$ **h)** $(p + 0{,}2)^2 - 0{,}04$ **i)** $(r - 1{,}2)^2 - 1{,}44$

Seite 60

1. Schritt:

$x^2 - 11\,x = -10$ | quadratische Ergänzung bilden
$x^2 - 11\,x + 5{,}5^2 - 5{,}5^2 = -10$ | $+ 5{,}5^2$
$x^2 - 11\,x + 30{,}25 = -10 + 30{,}25$ | binomische Formel anwenden
$(x - 5{,}5)^2 = 20{,}25$

Seite 61

2. Schritt: Lösen der Gleichung $(x - 5{,}5)^2 = 20{,}25$

1. Lösung
$(x - 5{,}5) = +\sqrt{20{,}25}$
$x - 5{,}5 = 4{,}5$ | $+ 5{,}5$
$x_1 = 10$

2. Lösung
$(x - 5{,}5) = -\sqrt{20{,}25}$
$x - 5{,}5 = -4{,}5$ | $+ 5{,}5$
$x_2 = 1$

3. Schritt: Ausgangsgleichung: $x^2 - 11\,x + 10 = 0$
$x_1 = 10$ einsetzen: $10^2 - 11 \cdot 10 + 10 = 0$
zusammenfassen: $0 = 0$
$x_2 = 1$ einsetzen: $1^2 - 11 \cdot 1 + 10 = 0$
zusammenfassen: $0 = 0$

4. Schritt: $L = \{1; 10\}$

6. Die Lösungsformel für quadratische Gleichungen

Seite 62

Übungen

1.

	Gleichung	p	q
a)	$x^2 + 9 \cdot x + 0{,}5 = 0$	$+9$	$+0{,}5$
b)	$m^2 - 4 \cdot m - 5 = 0$	-4	-5
c)	$f^2 + f - 0{,}75 = 0$	$+1$	$-0{,}75$
d)	$0 = x^2 + 8 \cdot x - 24$	$+8$	-24
e)	$0 = y^2 + 2{,}2 \cdot y + 3{,}3$	$+2{,}2$	$+3{,}3$
f)	$n^2 - \frac{1}{5}n + \frac{3}{5} = 0$	$-\frac{1}{5}$	$+\frac{3}{5}$
g)	$g^2 - 2{,}3\,g - 0{,}3 = 0$	$-2{,}3$	$-0{,}3$

Seite 63

2. 2. p = +5 und q = +6

3. $x_{1/2} = -\frac{5}{2} \pm \sqrt{\frac{25}{4} - 6}$

4. $x_{1/2} = -2{,}5 \pm \sqrt{\frac{25}{4} - 6}$

$x_{1/2} = -2{,}5 \pm \sqrt{0{,}25}$

$x_1 = -2{,}5 + 0{,}5 = -2$

$x_2 = -2{,}5 - 0{,}5 = -3$

Seite 64

5. mit x_1: $(-2)^2 + 5 \cdot (-2) + 6 = 0$ mit x_2: $(-3)^2 + 5 \cdot (-3) + 6 = 0$

$4 + (-10) + 6 = 0$ $9 + (-15) + 6 = 0$

$0 = 0$ $0 = 0$

6. $L = \{-3; -2\}$

3. 2. p = +5 und q = −14

3. $x_{1/2} = -\frac{5}{2} \pm \sqrt{\frac{25}{4} + 14}$

4. $x_{1/2} = -2{,}5 \pm \sqrt{6{,}25 + 14} = -2{,}5 \pm \sqrt{20{,}25}$

$x_1 = -2{,}5 + 4{,}5 = 2$

$x_2 = -2{,}5 - 4{,}5 = -7$

5. mit x_1: $2^2 + 5 \cdot 2 - 14 = 0$ mit x_2: $(-7)^2 + 5 \cdot (-7) - 14 = 0$

$4 + 10 - 14 = 0$ $49 + (-35) - 14 = 0$

$0 = 0$ $0 = 0$

6. $L = \{-7; 2\}$

Seite 65

4. 2. p = −6; q = 4

3. $x_{1/2} = 3 \pm \sqrt{9 - 4}$

$x_{1/2} = +7 \pm \sqrt{0}$

$x_1 = 7;$ $x_2 = 7$

$x_1 = x_2$ $L = \{7\}$

Seite 66

Übungen

5. **a)** $x_1 = 5;$ $x_2 = -11$ **b)** $x_1 = 3{,}2;$ $x_2 = 0{,}4$

c) $x_1 = -1;$ $x_2 = -5$ **d)** $x_1 = 3;$ $x_2 = 2{,}5$

e) $x_1 = 17;$ $x_2 = 16$ **f)** $x_1 = 1{,}5;$ $x_2 = -1{,}7$

6. **a)** $x_1 = 5;$ $x_2 = -1$ **b)** $y_1 = 10;$ $y_2 = -9$

c) $a_1 = 7;$ $a_2 = -23$ **d)** $x_1 = 2{,}5;$ $x_2 = 0{,}5$

e) $m_1 = -1;$ $m_2 = -19$ **f)** $z_1 = 5;$ $z_2 = -1{,}2$

7. a) $x_1 = 4 + \sqrt{6} \approx 6{,}45$; $x_2 = 4 - \sqrt{6} \approx 1{,}55$
b) $x_1 = 3 + \sqrt{5} \approx 5{,}24$; $x_2 = 3 - \sqrt{5} \approx 0{,}76$

8. a) $a_1 = 3$; $a_2 = -3$ b) keine Lösung
c) $b_1 = 1{,}5$; $b_2 = -1{,}5$ d) $g_1 = g_2 = 3$
e) $c_1 = 0$; $c_2 = -5$ f) $h_1 = h_2 = -2$
g) $d_1 = 0$; $d_2 = 1{,}5$ h) $i_1 = i_2 = 1{,}5$
i) $e_1 = 0$; $e_2 = 2$

7. Die allgemeine Form der quadratischen Gleichung

Seite 67

Übungen

1. a) $x_1 = 2$; $x_2 = -0{,}5$ b) $x_1 = 0{,}75$; $x_2 = -0{,}8$
c) $x_1 = -2$; $x_2 = -4$ d) $x_1 = 5$; $x_2 = 1$
e) $x_1 = x_2 = -4$ f) $x_1 = 30$; $x_2 = -10$

2. a) $x_1 = 4{,}5$; $x_2 = 2$ b) $x_1 = \frac{1}{2}$; $x_2 = -4$
c) $x_1 = 4$; $x_2 = -7$ d) $x_1 = 3$; $x_2 = -5$
e) $x_1 = 2{,}5$; $x_2 = 1{,}75$ f) $x_1 = 5$; $x_2 = -7$

8. Die Lösbarkeit einer quadratischen Gleichung

Seite 69

a) (1) $x_1 + x_2 = -1 + 3 = 2$
Der Koeffizient p des **linearen Gliedes** heißt **2**.
Der berechnete Wert 2 besitzt das **gleiche** Vorzeichen wie p. Die Lösung wurde nicht bestätigt.
(2) $\mathbf{x_1 \cdot x_2 = (-1)} \cdot 3 = \mathbf{-3}$
Berechneter Wert: -3; $q = \mathbf{-3}$.
Beide Werte **stimmen überein**. Die Lösung wurde **bestätigt**.
Teil (1) wurde **nicht erfüllt**, Teil (2) wurde **erfüllt**.
Die Zahlen -1 und 3 sind **nicht die Lösungen** der gegebenen Gleichung.

b) (1) $x_1 + x_2 = \mathbf{-10 + 32} = \mathbf{22}$
$p = \mathbf{-22}$; Berechneter Wert für $x_1 + x_2 = \mathbf{22}$.
Die Lösung **wurde bestätigt**.
(2) $\mathbf{x_1 \cdot x_2 = (-10) \cdot 32 = -320}$
Berechneter Wert für $x_1 \cdot x_2 = \mathbf{-320}$; $q = \mathbf{-320}$.
Beide Werte **stimmen überein**. Die Lösung wurde **bestätigt**.
Teil (1) wurde **erfüllt**, Teil (2) wurde **auch bestätigt**.
Die Zahlen -10 und 32 sind **die Lösungen** der gegebenen Gleichung.

Seite 70

Übungen

1. a) ☒ ja ☐ nein
b) ☐ ja ☒ nein
c) ☐ ja ☒ nein
d) ☒ ja ☐ nein
e) ☒ ja ☐ nein

2. **a)** richtig
b) falsch; richtig: $x_1 = 1$; $x_2 = 0$
c) falsch; richtig: $x_1 = -6$; $x_2 = -6$
d) richtig
e) falsch; Es existieren keine Lösungen.

Seite 71

3. Gleichung	Lösungen $x_1; x_2$	$(x_1 + x_2) = -p$	$x_1 \cdot x_2 = q$
a) $x^2 - 8x + 15 = 0$	3; 5	+8	15
b) $x^2 - 5x + 6 = 0$	2; 3	5	6
c) $x^2 - 11x + 30 = 0$	5; 6	+11	30
d) $x^2 - 11x + 28 = 0$	4; 7	+11	28

Seite 73

a) *1. Schritt:* $x^2 + 4x + 3 = 0$

$$x_{1/2} = -2 \pm \sqrt{4-3}$$
$$x_{1/2} = -2 \pm \sqrt{1}$$
$$x_{1/2} = -2 \pm 1$$
$$x_1 = -1$$
$$x_2 = -3$$

2. Schritt: $y = x^2 + 4 \cdot x + \left(\frac{4}{2}\right)^2 - \left(\frac{4}{2}\right)^2 + 3$

$y = x^2 + 4 \cdot x + 4 - 1$

$S(-2; -1)$

$x_1 = -3$; $x_2 = -1$

Seite 74

3. Schritt: Lösungen der Gleichung: $x_1 = -1$, $x_2 = -3$ — Nullstellen des Graphen: $x_1 = -3$, $x_2 = -1$

Der Vergleich bestätigt, daß die Nullstellen des Graphen mit den Lösungen der Gleichung übereinstimmen.

b) *1. Schritt:* $x^2 - 3 \cdot x + 1{,}25 = 0$

$$x_{1/2} = +1{,}5 \pm \sqrt{2{,}25 - 1{,}25}$$
$$x_{1/2} = 1{,}5 \pm \sqrt{1}$$
$$x_1 = 2{,}5$$
$$x_2 = 0{,}5$$

2. Schritt: $S(1{,}5; -1)$

$x_1 = 0{,}5$; $x_2 = 2{,}5$

Seite 75

3. Schritt: Lösungen der Gleichung: $x_1 = 2{,}5$, $x_2 = 0{,}5$ — Nullstellen der Funktion: $x_1 = 0{,}5$, $x_2 = 2{,}5$

Ergebnis: Die Lösungen der Gleichung stimmen mit den Nullstellen der Funktion überein.

Übungen

4. Lösung: $x_1 = -2$; $x_2 = -7$

Funktion:

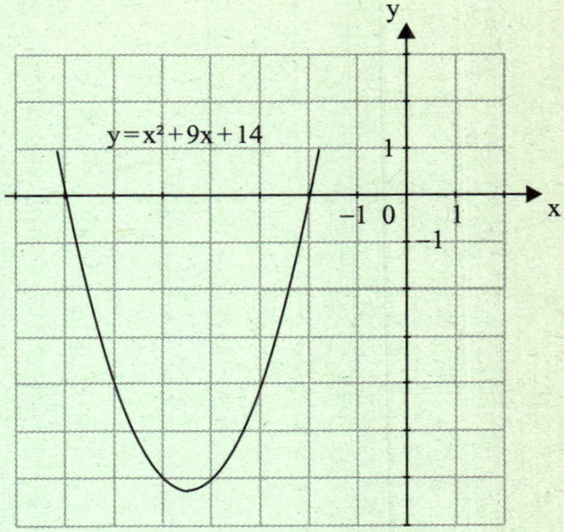

5. a)

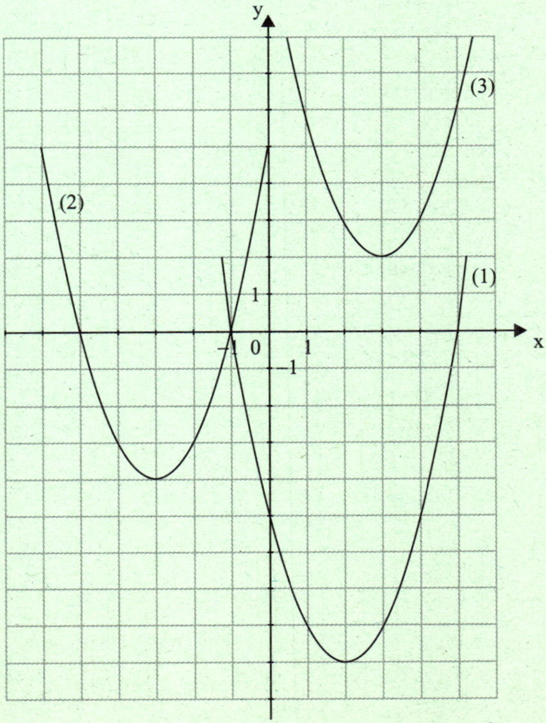

	Funktion (1)	Funktion (2)	Funktion (3)
b)	$x_1 = -1$; $x_2 = 5$	$x_1 = -5$; $x_2 = -1$	keine Nullstellen
c)	$x_1 = 5$; $x_2 = -1$	$x_1 = -1$; $x_2 = -5$	keine Lösungen

9. Training

Seite 76

1. **a)** $D > 0$, 2 Lösungen **b)** $D = 0$, 1 Lösung
c) $D > 0$, 2 Lösungen **d)** $D < 0$, keine Lösung
e) $D > 0$, 2 Lösungen **f)** $D > 0$, 2 Lösungen

2. Name für D in der Lösungsformel: Diskriminante
Graph einer quadratischen Funktion: Parabel
Name für einen Faktor: Koeffizient
Bezeichnung für die Form $x^2 + p \cdot x + q = 0$: Normalform
eine besondere Ergänzung: quadratische Ergänzung

3. **a)** 1,3 und −1,3 **b)** 2 und 0 **c)** 1 und −1
d) 0 und −2,71 **e)** 2,2 und −2,2 **f)** 0 und −2

4.

	Gleichung	1. Lösung	2. Lösung
a)	$x^2 - 36 = 0$	6	−6
b)	$4x^2 - 36 = 0$	3	−3
c)	$x^2 - 22x - 320 = 0$	−10	32
d)	$b^2 + b = -0{,}25$	−0,5	−0,5
e)	$z^2 + z = 0$	0	−1

Seite 77

5. **a)** 9 und −7 **b)** 0,6 und −0,25
c) 2,5 und −2 **d)** 0,33 und −6
e) keine Lösungen **f)** 0,5 und −0,25

6. **a)** $L = \{3; 5\}$ **b)** $L = \{-4{,}33; 7\}$ **c)** $L = \{-3; 1\}$

7.

	Gleichung	p	q	Lösungen	
				x_1	x_2
a)	$x^2 + 5 \cdot x - 36 = 0$	5	−36	4	−9
b)	$x^2 + 5 \cdot x - 36 = 0$	5	−36	−9	4
c)	$x^2 + 3x = 0$	3	0	0	−3
d)	$x^2 - 3x - \frac{7}{2} = 0$	−3	−3,5	≈ 3,9	≈ −0,9

Seite 78

8.

[1] 1	1		[2] 3	7
2		[3] 1	2	
[4] 1	[5] 5	0		[6] 9
	[7] 2	0		9
[8] 9	9		[9] 1	9

Kapitel 3

Hinweis: Zu den Übungs- und Trainingsaufgaben geben wir dir außer den Lösungen mitunter noch Lösungshinweise, jedoch keine vollständigen Lösungswege an.

1. Beispielaufgaben

Seite 80

Übung

1. Summe: $x + 5$; Differenz: $x - 5$; Produkt: 96
Ansatz $(x + 5) \cdot (x - 5) = 96$
Lösung: Die gesuchten Zahlen heißen -11 und 11.

Seite 81

Beispiel 3: Die beiden Zahlen heißen 121 und 289.

Seite 82

Übung

2. Gleichung I: $a + b = 43 \Rightarrow a = 43 - b$
Gleichung II: $a \cdot b = 372$
Ansatz: $(43 - b) \cdot b = 372$
Lösung: Die Zahlen 12 und 31 wurden gemerkt.

Beispiel 4: $x_{1/2} = -35 \pm 265$
$x_1 = 230$

Seite 83

Beispiel 5: $h_1 = -4 + 16$ $h_2 = -4 - 16$
$h_1 = 12$ $h_2 = -20$

Seite 84

Übungen

3. Umfang: $2a + 2b = 430 \Rightarrow a = 215 - b$
   Fläche: $a \cdot b = 11500$
   Ansatz: $(215 - b) \cdot b = 11500$
   Lösung: Die Seiten haben eine Länge von 115 m und 100 m.

4. Umfang: $2a + 2b = 70 \Rightarrow b = 35 - a$
   Fläche: $a \cdot b = 286$
   Ansatz: $a \cdot (35 - a) = 286$
   Lösung: Die Halle hat eine Breite von 13 m und eine Länge von 22 m.

Beispiel 6: $\frac{\text{längere Strecke}}{\text{kurze Strecke}} = \frac{55{,}6\text{ m}}{34{,}4\text{ m}} = 1{,}62$

Antwortsatz: Der Turm am Leipziger Rathaus ist von den beiden Seitenpunkten A und B 34,4 m bzw. 55,6 m entfernt.

Seite 87

Beispiel 7:

$\frac{g}{2} \cdot t_1^2 = 5v - v \cdot t_1$

$\frac{g}{2} \cdot t_1^2 + v \cdot t_1 - 5v = 0$

$t_1^2 + 67{,}9\, t_1 - 339{,}45 = 0$

$t_{1/2} = -33{,}95 \pm \sqrt{1152{,}60 + 339{,}45}$

$t_{1/2} = -33{,}95 \pm 38{,}63$

2. Training

Seite 88

1. Ansatz: $2x = \frac{x^2}{2}$
   Die Zahl heißt 4.

2. Ansatz: $(19 + x) \cdot (17 + x) = 19 \cdot 17 + 76$
   Um die Zahl 2 muß jeder Faktor vergrößert werden. (Die Lösung -38 hätte eine Verkleinerung der Faktoren zur Folge und entspricht daher nicht der Aufgabenstellung.)

3. Die Zahlenpaare $(-7; -6)$ und $(8; 9)$ erfüllen diese Bedingung.

4. Ansatz: Die Flächen 1 bis 8 ergeben zusammen die gesamte Wegfläche von 84 m^2.
   Es gilt: $A_1 = A_3 = A_5 = A_7 = x \cdot x = x^2$
   sowie $A_2 = A_6 = 25x$
   und $A_4 = A_8 = 15x$.
   $84 = 4 \cdot x^2 + 2 \cdot 25x + 2 \cdot 15x$
   $84 = 4 \cdot x^2 + 80x$
   Der Weg ist 1 m breit.

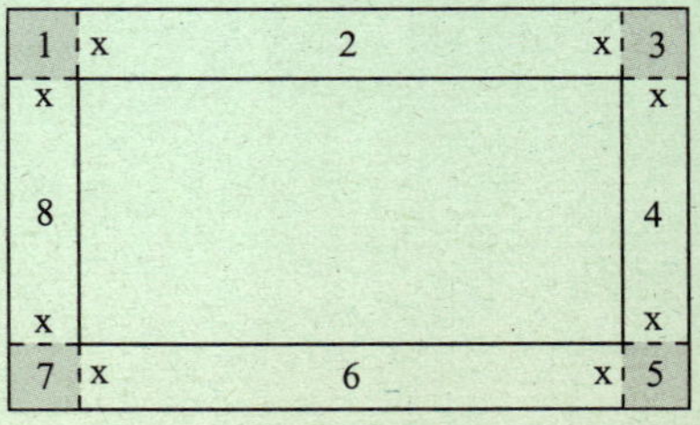

5. Ansatz: $\frac{n(n-1)}{2} = 435$ $\frac{n(n-1)}{2} = 595$

$n^2 - n = 870$ $n^2 - n = 1190$

Für 435 Handschläge: 30 Schüler.
Für 595 Handschläge: 35 Schüler.

6. Ansatz: „Jeder gegen jeden" entspricht dem gegenseitigen Händedruck aus Aufgabe 5.
12 Schüler nahmen am Wettkampf teil.

7. Preis: x Menge: y

Ansatz alt: $x \cdot y = 50 \Rightarrow y = \frac{50}{x}$

Ansatz neu: $(x + 0{,}02) \cdot (y - 0{,}5) = 50$

Ansatz alt in Ansatz neu einsetzen.

$x_1 = 1{,}40$ x_2 entfällt, weil negativ.

Der alte Preis betrug 1,40 DM. Der neue Preis beträgt 1,42 DM.

4. 3. 2. 1. | Die letzten Ziffern bezeichnen
99 98 97 96 | Zahl und Jahr des Drucks.

Satz: Universitätsdruckerei H. Stürtz AG, Würzburg
Druck und Bindearbeiten: Druckerei Gutmann GmbH, Heilbronn
Printed in Germany
ISBN 3-589-20953-4
Bestellnummer 209534